室内设计新诉求
——软装饰设计与案例欣赏

袁曼玲　著

国家一级出版社　中国纺织出版社　全国百佳图书出版单位

内 容 提 要

本书主要内容包括：室内软装饰设计之风格营造，室内软装饰设计之家具、灯饰、陈设品，室内软装饰设计之花艺、画品，室内软装饰设计之织物应用，室内软装饰设计之其他元素应用，室内软装饰设计案例欣赏等。

本书结构合理，条理清晰，内容丰富新颖，是一本值得学习研究的著作，可供广大室内设计人员参考使用。

图书在版编目（CIP）数据

室内设计新诉求：软装饰设计与案例欣赏 / 袁曼玲著.--北京：中国纺织出版社，2019.3（2021.8重印）

ISBN 978-7-5180-5506-7

Ⅰ．①室…　Ⅱ．①袁…　Ⅲ．①室内装饰设计　Ⅳ．①TU238.2

中国版本图书馆CIP数据核字（2018）第241261号

责任编辑：范雨昕　　责任印制：何　建

中国纺织出版社出版发行
地址：北京市朝阳区百子湾东里 A407 号楼　邮政编码：100124
销售电话：010 — 67004422　传真：010 — 87155801
http：//www.c-textilep.com
中国纺织出版社天猫旗舰店
官方微博 http：//weibo.com/2119887771
北京虎彩文化传播有限公司印刷　各地新华书店经销
2019 年 3 月第 1 版　2021 年 8 月第 5 次印刷
开本：710×1000　1/16　印张：23.5
字数：308 千字　定价：98.00 元

凡购本书，如有缺页、倒页、脱页，由本社图书营销中心调换

前　言

随着社会的不断发展，人们的生活质量不断提高，对室内软装饰的要求也越来越高，室内软装饰已经成为室内设计中不可缺少的一个重要因素。室内软装饰因其灵活多变、可移动、可再用，业主可亲自参与，能更好地表现室内设计的风格等特点，已深受人们的重视，也得到了室内设计师的青睐，因此，室内软装饰设计已逐渐发展为一个新型而独立的设计门类。

目前，中国已经进入家居软装饰时代，"轻装修，重装饰"的理念越来越为人们所重视。在现代消费文化占主导的潮流中，人们对生活的品位逐渐体现在所生活的环境中，因此要不断探求新的软装饰设计理念与发展趋势。在彰显个性的时代，异彩纷呈、不拘一格的软装饰更是成为家居设计的主流方式。软装饰设计就是关于生活的艺术，也使艺术更加生活化和实用化。

全书共分为7章，从基本概念、风格营造、设计元素和案例欣赏四个方面对室内软装饰设计进行系统的阐释和探讨。第1章是室内软装饰设计综述，阐释了室内软装饰设计的基本概念、功能作用和领域，并指出了室内软装饰的搭配原则与设计手法。第2章是室内软装饰设计的风格营造，对各类室内设计风格的营造进行了系统的阐释。第3至第6章分别介绍了家具、灯饰、陈设品、花艺、画品、织物、墙饰、旧物改造、色彩以及线形在室内软装饰中的应用。第7章是室内软装饰设计案例欣赏，通过具体的案例赏析，开拓读者眼界和思维，更利于读者在室内软装饰设计方面的能力提升。

本书立足基本理论，着眼行业发展，力求最大程度提高读者的理论水平与实践能力。总结为以下特点：

第一，多样性。多样性有利于培养设计者适应多元化的室内软装饰的能力。书中各类设计元素的介绍图文并茂，为室内软装饰的学习者提供了丰富多样的范例。

第二，学以致用。内容落实于提高设计者对室内软装饰的设计能力、室内设计氛围的营造能力及相关的表现技法与综合实践技能。全书任务明确，具有可行性和可操作性。

第三，与时俱进。本书充分结合现代空间设计的市场需求，阐述了软装饰设计所需的专业技能与职业素养，为软装饰设计师进行了良好的职业规划。

在撰写过程中，作者参考了大量的书籍、专著和文献，在此向这些专家、编辑及文献原作者一并表示衷心的感谢。由于作者水平所限以及时间仓促，书中难免存在一些不足和疏漏之处，敬请广大读者和专家给予批评指正。

2017 年 12 月 18 日于桃花山

室内设计新诉求
——软装饰设计与案例欣赏

目　录

第一章

室内软装饰设计综述

第一节 室内软装饰设计的概念、类型与意义

　　装修一词大家并不陌生。从最原始的遮风避雨到洞穴到后来的木屋，再到砖瓦住宅，直到现在的钢筋水泥的高层建筑，"装"与"修"就始终蕴涵其中。随着国民经济的发展以及货币化分房等一系列住房政策的实行，许多老百姓不仅拥有了住房，而且开始追求居住的质量，于是装修就成为购房后的一大重要事项。装修对于居家来说是个大工程，有时，人们把装修这一行为看得过重，甚至不惜血本地把家装修得像酒吧或宾馆，却忽略了装修的真正目的。如今，人们不仅仅满足于实用，更加注重在审美方面的感受与生活的舒适度，于是，软装饰应运而生。

一、软装饰的概念

　　所谓"软装饰"是相对于建筑本身固定的结构空间提出来的，是指功能性的硬装修之后，利用可移动的、易更换的装饰物如家具、

饰物、灯光、植物等，来完善室内功能，烘托室内气氛，是对室内空间或室内装饰进行的后期创造，是建筑视觉空间的延伸和发展，它往往会创造出不同意境感受的室内空间。软装饰设计思维和设计方法更注重个性化功能设计和个人品位与装饰设计的统一。它能赋予空间以新的生命，既可以展现出主人的品位与情趣，又能留给设计师无限的设计空间。

二、软装饰与硬装修区别

软装饰与硬装修在总体目标上是一致的，两者都是为了丰富概念化的空间。设计师通过运用现代技术手段创造出舒适美观、功能合理、安全可靠，既满足人们的精神需要又满足人们物质需要的室内空间环境。两者相互渗透但又存在着区别。

1、多样性和情趣性

硬装修在室内空间环境设计中存在较多的制约因素，比如房屋结构。很多房子结构出于安全考虑是不能进行随意更改的，这样设计上就很难有很大的改观了。尤其现在有很多楼盘的房屋都进行简易装修，在设计上几乎没有任何变化，因此在硬装修上无法体现出室内空间环境的设计特色。软装饰却不同，它从材料、色彩、图案、质地等各方面都具有多样性的特点，另外，软装饰的装饰类别也具有多样性，如植物装饰、家具装饰、织物装饰、色彩装饰等。

室内设计新诉求
——软装饰设计与案例欣赏

2、易变性和节约性

软装饰选择性多，花费资金较少，随意变动性大，居室主人可以根据室内空间的大小和形状，一些特有的生活习惯、精神追求，再结合自己的经济实力，打造属于自己的个性鲜明、健康愉悦的室内环境，这样就可以避免硬装修的千篇一律，更能体现出主人的精神追求与艺术品位。与硬装修相比，软装饰为人们提供了更加灵活自主、新颖独特的生活天地。例如，可以利用织物帘幔、布艺屏风等对空间进行分隔，这样就可以将大空间变成几个独立的小空间；可以借助软艺的色彩效果，变换室内空间情趣。可以根据主人心情的变化与季节的变化，将随意组合的陈设品、家具、绿色植物等重新组合，避免视觉疲劳，大可不必花费很多钱进行更换，却同样能收到焕然一新的感觉。几个色彩艳丽的靠垫、几盆娇艳的鲜花或简洁的布艺沙发等都能大大提升居室的温馨与浪漫。

三、软装饰艺术

1、软装饰艺术的内涵

软装饰艺术首先是一种材料的艺术，各种软质材料的独特运用是其重要的语言特征。随着科技的高速发展，许多新材料的出现为软装饰艺术的创作提供了更多的可能性。而材料的自身特质又影响着工艺技法的表达，因此材料选择和工艺表现是创作者首先需要思考的。只有充分发挥材料的独特魅力，才能表达出作者的创作理念。其次，软装饰艺术并不是独立存在的，它融合了建筑、雕塑、绘画、工业造型等诸多艺术形式的创作因素，综合性表现为人们带来了全新的视觉感受（图1-1-图1-3）。

软装饰艺术涵盖了以任何可使用的软质材料为媒介进行设计制作的艺术作品。在设计理念上以现代艺术观念为主导，不仅关注时代性、观念性的表达，还注重对材料本身特性的探索及与现代建筑室内空间的结合。软装饰艺术形式和过程的实验性、创造性是独一无二的、不可复制的，是现代艺术观念、现代生活方式与传统工艺相结合的视觉表达形式（图1-4、图1-5）。

软装饰艺术主要是通过软质材料进行造型表现和情感表达的艺术。探求身边的软质材料，运用各种艺术手段，表达艺术家对社会、自然和艺术的思考，这就是软装饰艺术存在的价值。软装饰艺术以其材料、形态和艺术风格的多样性，构成了现代软装饰艺术的基本特征，并越来越多地走进现代室内空间（图1-6）。

2、软装饰艺术的功能特点

软装饰艺术的表现形式与创作领域无限广阔，从平面到立体，从具象到抽象，从观念到装置，从地面到空间，从室内到室外……

图1-1 《子夜》林乐成（中国）

图1-2 《根深蒂固》林乐成（中国）

图1-3 《绳·装置》阿巴康·诺维奇（波兰）

图 1-4　综合材料（一）

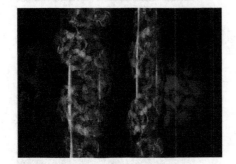

图 1-5　综合材料（二）

图 1-6　羊毛

　　室内设计新诉求
　　　　　　——软装饰设计与案例欣赏

使其不断呈现出新的面貌，显示出其独有的视觉美、材料美和触觉美的装饰艺术魅力。

软装饰艺术是集实用功能与审美价值于一体的艺术形态，特定材质的运用和表现形式的多样化，使软装饰艺术独具平面性、立体性及空间性诸多造型特点。软质材料的创造与运用涉及艺术设计的各个领域，如建筑、服饰、家具、灯具、书籍装帧、工业造型等，这些软装饰作品与纯艺术品相比最大的区别是它们除了具有观赏性之外还具有实用性。软装饰艺术品可美化人们的生活环境，不仅给人们带来视觉上的美感，更具有御寒、保暖、吸光、隔音的实用价值，带来温馨、亲和、舒适的多重享受。随着社会的高速发展，人们的社会节奏越来越快，社会关系越来越复杂，竞争越来越激烈，导致人们的压力越来越大，软装饰艺术以其特有的亲和力，抚慰人心，感受人性关爱，营造可爱的人性空间，并唤起人们对手工文化的向往（图1-7、图1-8）。

3、软装饰艺术与建筑空间及应用价值

软装饰艺术作为建筑环境的有机组成部分，所表现出来的艺术魅力成为连接人与建筑环境的纽带。近些年来，大规模的城市建设及人们对室内环境美化的需求不断提高，使得软装饰艺术的兴旺发展成为必然。

图 1-7 《Harmonic Motion》堀内纪子（日本）（一）

图 1-8 《Harmonic Motion》堀内纪子（日本）（二）

　　　　室内设计新诉求
　　　　　　　　　　——软装饰设计与案例欣赏

软装饰艺术形态能促进室内空间"绿色"生态环境的建立，并增强公共视觉空间的人文意蕴。

在建筑空间的陈设与装饰中，软装饰艺术独特的创作技法、丰富的肌理表现和深厚的文化底蕴，不仅使人们心旷神怡，还传达着一种新时期中的现代人所应怀抱的生活理想及处世态度。

浩瀚的大自然是人类取之不尽、用之不竭的创作源泉，取之于大自然的软装饰艺术作品的材料为美化居室环境提供了广阔的大地，唤起人们心灵上的共鸣，感谢大自然给予的生活上的恩赐（图1-9）。

4、室内软装饰设计的基本内容与目的

室内软装饰设计包含物质建设和精神建设两个方面：室内"物质建设"以自然的和人为的生活要素为基本内容，根据自己的经济实力与个人爱好及生活习惯，打造生活环境所应有的安全、卫生、洁净和健康的生理空间功能，要"经济性"与"实用性"两者兼顾。室内"精神建设"表达的是居室主人丰富的情感世界，彰显的是主人的精神追求和艺术品味，强调"艺术性"和"个性"。艺术手段是美化室内视觉环境的有效方法，是建立在装饰规律中形式原理和形式法则的基础上面。室内的造型、色彩、光线和材质等要素，必须在美学原理的制约下，力求敏锐感观的鼓舞精神、陶冶情操的美感效果。"个性"是指不同的人精神追求不同，对美的追求也不同，

例如，高雅的知识人士希望营造出一种激发创作灵感的书香环境。人们希望通过软装饰设计彰显自己的个性和品位（图1-10）。

5、室内软装饰设计的分类

室内软装饰设计的种类很多，可以根据使用性质的不同、使用功能的不同以及审美价值的不同对其进行分类。

1）按照使用性质分类

按照使用性质来划分，室内软装饰设计可以分为家居空间软装饰设计和公共空间软装饰设计。

家居空间软装饰设计主要是针对居住空间的客厅、餐厅、卫生间、书房、卧室等进行的家居配饰与陈设设计。一般来说，从家居空间的软装设计可以反映出主人的经济实力以及职业、兴趣爱好、年龄、职业等。例如，对明清文化感兴趣的人，可能就会把房间装饰成古典风格，家具以明清器物为代表；喜欢陶瓷的人，可能就会以陶瓷的器具、工艺品、陈设品对家具空间进行装饰与美化；为喜欢舞蹈的人进行软装设计时，不仅要考虑在其中一面墙上贴上镜子，并装上舞蹈把杆，而且一定要用木质地板，另外，还要根据舞蹈风格设计墙体彩绘。因此，家居空间的软装饰设计不仅要给人家的温暖、舒适，缓解人们的疲劳，还要表达出主人的精神追求、个人品味与

图 1-9　综合材料（三）

图 1-10　中式风格室内软装（一）

情感，如图1-11所示。

公共空间软装饰设计是指针对办公室、酒店、咖啡厅、酒吧、商场、宾馆、艺术展览馆等类型的公共区域的室内空间所进行的配饰与陈设设计。公共空间软装饰设计的类型较多，要根据空间类型，设计满足其属性要求的软装设计方案，并且还要营造出该有的氛围和情调。例如，酒店空间的软装设计，一方面在满足生活实用和情感需求的前提下，应该以生活为导向，让旅客有一种置身于家中的感受，满足旅客短暂的家庭梦想；另一方面，还要给入住者舒适的享受、美得体验，所以要注重从整个酒店软装设计的布局、风格、色彩，到酒店软装配饰的选择和摆放，如图1-12、图1-13所示。简单大气的空间基调，通过装饰主义意味的陈设、配饰和丰富的灯光获得实现。亦中亦西的表现手法被大面积使用，在视觉感受上对正、负形空间进行了调和与对比。空间结构分割与陈设布局，在现代主义气息的营造中，突出了舒适度与品质感，及对目标客群的细致人文体验。

2）按照使用功能分类

（1）休息空间软装饰设计

是指针对各类空间（客厅、卧室和公共空间的等候区等）的休息区进行的软装饰设计。例如，对酒店大堂进行软装饰设计时，要保证其设计风格与酒店的定位相符合，在满足客人实用功能的基础

图 1-11 中式风格室内软装（二）

图 1-12 酒店·餐厅 D6 软装设计机构

图 1-13 酒店·休息区 D6 软装设计机构

上还要给人精神上的享受放松。要注重沙发的选择，不仅要考虑其舒适性，还要考虑是否协调，要重视灯光的设计，最好在不同的时间段内，采用不同的灯光场景模式，另外还要注意色彩、艺术品、陈设品、绿色植物等的搭配，如图1-14所示。

（2）餐饮空间软装饰设计

是指对厨房、酒吧、茶室、餐厅、酒店等空间进行的软装饰设计，如图1-15所示。对餐饮空间进行软装饰设计时，要满足特定的空间属性。例如，在对茶室进行软装饰设计时，不仅要创造具有茶文化氛围的空间，更重要的是要让人的压力得到释放，心灵得到净化，所以茶室一般以暖色调为主。另外要注意风格与布局，色彩搭配，以及家具、茶具、艺术品、植物、织物等的搭配与摆放，使人产生愉悦的快感。

（3）办公空间软装饰设计

办公空间的软装饰设计要与企业的文化理念相符合，要注意陈设品、绿色植物、植物、个人爱好的工艺品等的陈设。

（4）购物空间软装饰设计

主要指专卖店、超市、自由市场、商场等空间的软装饰设计。例如，对品牌女装专卖店进行软装饰设计时，要根据空间的大小，服装的类型进行空间布局，突出产品，刺激顾客购买的欲望，要巧妙的利用灯光的设计，增加衣服的美感。另外，休息座椅的选择与陈设、绿色植物的选择与陈设要与所营造的氛围相符。

（5）娱乐空间软装饰设计

主要是指KTV、迪厅、演艺中心等空间的软装饰设计，如图1-16所示。例如，对音乐演奏中心进行软装饰设计时，运用现代理念、高科技技术设计一个多层次、多功能、全方位的自动化舞台，声音的处理是极其重要的，如混响时间设计是否合理，座位之间是否进行了避噪处理，结构是否吸音，还要考虑通风情况，灯光的色彩搭配与强度，墙面的装饰物到地面的织物，大堂的文化墙到走道的摆件，卫生间的挂画到包厢的徽标等。使人在欣赏音乐的同时，精神能得到放松，压力能得到释放。

（6）会议学习空间软装饰设计

指的是会议室、报告厅、图书馆、书房等需要安静的环境的空间的软装饰设计。强调文化的内涵，装饰上更多地追求历史与文脉的表现。例如，图书馆的软装饰设计包括大面积书架和阅览桌椅的陈设与摆放，色彩与灯光的搭配，师生艺术作品、标牌、指示牌、布局图、标引的陈设，要注重整体环境的和谐与协调。

（7）卫浴空间软装饰设计

主要指卫生间、浴室等空间的软装饰设计。要考虑彩的对比、艺术品的点缀。一般不要太复杂，主要是给人舒服的感受。

3）按照审美价值分类

软装饰所涉及的范围很广，种类繁多，在室内设计中，概括起来主要包括实用性装饰和审美性装饰两大方面。

（1）实用性装饰

① 织物装饰。织物在家居风格中具有很强的表现力，不仅可以防尘、吸音和隔音，还可以给室内注入柔软、温馨的韵味，带给人视觉的享受，使室内空间成为一个有机的整体。另一方面室内织物材料的质感能给人以安全感、舒适感、亲切感和温馨感。

② 家具装饰。家具作为一个占地面积最大和使用面积最多的空间主体，它对一种风格的呈现起着举足轻重的作用，是室内空间软装饰的重中之重。如果说居室环境是住宅建筑的延伸，那么家具便是联系家居空间和人的纽带。风格多样，艺术形式千姿百态的家具具有强调主题、分割空间、转换空间使用功能的作用。

③ 灯具装饰。灯具除了基础照明外还具有渲染气氛、营造气氛的功能，为室内空间增添玲珑之美。设计师可充分利用灯具的特点来调节、营造居室空间艺术氛围。

④ 器皿装饰。器皿色彩多样、造型丰富、能很好地作为装饰品融入室内设计中。餐具、茶具、酒具、花瓶等生活器皿常由各种材料组成，比如玻璃、金属、塑料、竹子等，其独特的质地能产生出不同的装饰效果，放置在茶几上、餐桌上、陈列架上，它们的造型、

图 1-14 酒店·客房 D6 软装设计机构

图 1-15 酒店·餐厅 D6 软装设计机构

图 1-16 量贩式 KTV 加拿大立方体设计事务所

色彩、材质会将室内装饰得极具生活气息。

（2）审美性装饰

审美性装饰一般不考虑实用性，注重精神功能而忽视物质功能，可美化环境、陶冶情操，增加室内气氛，装饰建筑空间。室内精神建设是个性化与艺术性的结合，主要表现在以下四大方面。

① 工艺品装饰。工艺品不仅可以给空间增添生机和情趣，还可以使我们生活的环境更富韧性和魅力，彰显主人的生活态度与艺术品位。

② 绘画装饰。室内悬挂绘画艺术品不仅可以称为视觉的焦点，起到画龙点睛之作用，还可以渲染室内艺术气氛，开阔视野，愉悦身心，增添美感，在生冷的墙面门窗之间营造温暖的气息。

③ 植物装饰。绿色植物可以净化空气，改善环境，陶冶人的情操，可以柔化空间，给室内注入活力。还可以利用高大的绿色植物来对空间进行分隔，增强视觉效果。用绿色植物装点室内空间，营造高品质的室内环境也已成为一种新的生活时尚（图1-17）。

④ 书画装饰。在多元化文化的今天，作为传统文化与艺术象征的书画艺术在居室设计中被广泛应用，它的装饰效果和艺术性是任何其他艺术品所无法替代的。书画的形式多样、内容丰富，在居室的软装饰中，可根据装饰风格选择不同的书画艺术装饰形式来营造不同的艺术效果。如低矮的居室可以选择竖幅的书法作品增加居室的高度感，同样，过高的居室可选择横幅作品来增强居室的延伸感。

图 1-17

第二节 室内软装饰设计的功能作用

一、满足人的心理需求

随着社会的进步、科技的发展，生活节奏越来越快，竞争越来越激烈，人们的神火压力也就越来越大，因此，人们需要一个能是人赶到身心愉悦的家居环境。软装饰可以利用其材料性质使空间环境更加温馨和恬适，充满生命和活力，它还能对人的精神层面产生触动（图1-18）。如在寒冷的冬季，可以更换一组暖色调的织物组合，瞬间就会带给人们心理上、情感上的温暖，营造出更加人性化的室内空间。

二、创造二次空间

建筑室内空间的墙面、地面、顶面围合成为一次空间，硬装修结束后这个空间基本就是固定的，后期很难改变其形状；但是，可利用室内陈设的方式将空间进行再创造。软装饰的设计，可以通过

室内设计新诉求
——软装饰设计与案例欣赏

隔断、屏风、家具、绿化等的布置和陈设达到对空间进行二次划分的目的，完善室内分隔的功能设计，使空间的利用率和功能性达到更加完美的程度。除此以外，还可以利用材料、色彩、灯光、装饰品等元素对空间进行虚拟分隔，充分利用软装饰的兼容性、灵活性和流动性来合理组织和安排空间的布局（图1-19）。

三、柔化空间

建筑设计师和结构工程师建造的建筑物，其室内空间是一个由水泥、木材、石料、砖块、玻璃等材料组成的"硬壳"。它坚硬、冷漠、冰凉，缺乏"感情"色彩，显然不能直接用于现代人的工作、生活和居住。家具、陈设品的介入，可以赋予空间生命力，使空间具有生活的气息；棉、毛、丝麻等天然纤维织物可以削弱生硬感，使空间充满温暖；盆栽、插花，可以使室内空间柔和，充满生机；柔和的暖色调灯光，会给回家的人情感上的温暖（图1-20）。

四、营造意境

气氛是指内部空间环境给人的总体印象，而意境则是指内部环境所要集中体现的某种思想和主题。意境比气氛更能激发人的联想给人启迪，是一种精神层面的享受。

室内软装饰可利用软装饰的造型形态、色彩的情感表达、材质

图 1-18

图 1-19

图 1-20

的肌理效果等一些特性，进一步起到创造室内环境的意境的作用。设计师可以根据个人喜好、特殊感情等因素进行不同的软装风格设计。软装设计可以制造出欢快热烈的喜庆气氛、亲切随和的轻松气氛、深沉凝重的庄严气氛、高雅清新的文化艺术气氛等，给人留下不同的印象（图1-21、图1-22）。

五、强化室内环境的风格

室内设计风格的表达不仅仅取决于硬装，更多的要依赖于室内陈设物品的合理选择和布置。陈设物品的造型、图案、色彩、质地等要都具有明显的统一风格特征，这样才能在环境气氛的营造、对使用者视觉触觉的感知和心理影响以及传递文化信息等方面，起到更深层次的作用（图1-23）。

六、反应室内环境的历史文化和时代感

在漫长的历史进程中，不同时期、不同区域的文化赋予了陈设设计不同的内容，也造就了陈设设计多姿多彩的艺术特性。陈设品的时代特性能较好地反映室内环境的历史文化（图1-24）。

七、营造室内环境情趣，表现个人性格

室内环境情趣的营造往往需要借助于陈设品的摆设或其本身的

图 1-21

图 1-22

图 1-23

趣味。室内陈设品的选择与摆放能反映设计者或主人的审美倾向及文化修养、个性、爱好、年龄和职业特点,是展示自我、表现自我的有效手段(图1–25)。

硬装修是室内装饰的基本构造,而软装饰是完美精神世界在室内设计中的物化。在这个主张个性化的时代,特别是在居住空间设计中,通过居室软装饰品可以创造不同业主的个性空间。所以,现代人对居室空间的要求都重视创意的表现,力求打破常规的居室装饰方法,通过各种手段使居室的软装饰风格趋于个性化、趣味化。如将个人的收藏品或DIY的艺术品陈设出来,可以向人展示自己的爱好。

图 1-24

图 1-25

　　室内设计新诉求
　　　　　　　　——软装饰设计与案例欣赏

第三节 软装饰设计的领域

随着人们生活水平的不断提高，人们对生活空间、居住空间要求也相应发生变化，从过去的温饱到现在的生活品质要求，高品质软装饰成为了现代人的新宠。同时地产营销行业也会有所需求，因此家居陈设的需求越来越旺盛，其市场潜力非常巨大。

软装饰设计师目前的工作领域如下：

① 与硬装修设计公司和建筑公司合作，为整体项目提供软装饰陈设设计和后期采购配套方案。

② 与陈设用品生产企业合作，进行陈设艺术品的研发、生产、服务。

③ 与房地产开发企业、酒店管理企业等室内环境直接使用方合作，进行定期的陈设艺术服务和顾问工作。

④ 担任陈设卖场的特约顾问，为卖场提供整体空间的陈设展示艺术。

⑤ 担任艺术行业、媒体行业的场景布置和环境设计的顾问工作。

⑥ 创造自己的软装饰品牌，为有需要的业群提供必要的服务，

（图 1-26）。

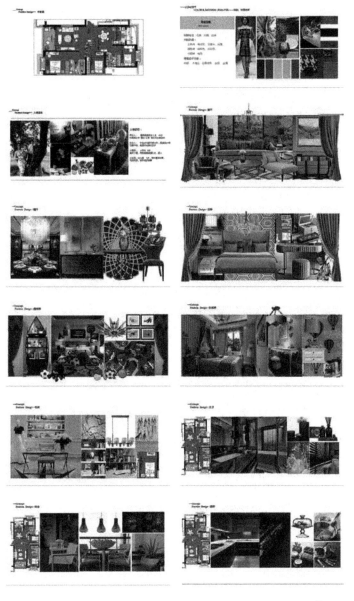

图 1-26

第四节 室内软装饰设计的原则

一、室内软装饰设计的构成法则

1、点

因为点具有张力作用，能占据和充实空间，所以点的应用具有较佳的美学视觉效果。

单一的点具有凝聚视线的效果，可处理为空间的视觉中心，也可处理为视觉对景，能起到中止、转折或导向的作用。

多个点的组合可以成为空间背景以及空间趣味中心。点的秩序排列具有规则、稳定感；无序排列则会产生复杂、运动感。通过点的大小、配置的疏密、构图的位置等因素，还会在平面上造成运动感、深度感以及带来凹凸变化。如图 1-27 和图 1-28 所示。

2、线

在视觉中可表示长度、方向、运动等概念，还有助于显示紧张、轻快、弹性等表情。在室内软空间中作为线的视觉要素很多，尤其是窗帘、地毯、椅垫等织物的图案，以及壁纸的纹理等，含有较多的线性要素。线条的长短、粗细、曲直、方向上的变化产生了不同个性的形式感，或是刚强有力，或是柔情似水，给人以不同的心理感受。如图1-29和图1-30所示。

3、面

面属于二维形式，长度和宽度远大于其厚度。室内空间中的面既可能是本身呈片状的物体，也可能是存在于各种体块的表面。作为实体与空间的交界面，面的表情、性格对空间环境影响很大。面在空间中起到阻隔实现、分隔空间的作用，其虚实程度决定了空间的开敞或封闭。如图1-31和1-32所示。

二、室内软装饰设计的主要原则

软装饰设计主要是指室内空间中的家具、灯具、家用电器、纺织品、日用品、艺术品、花卉植物等装饰物品在居室中的搭配与放置，以及与室内空间相互共融、相互组合的关系。陈设设计是陈设物品在空间里有目的性的组织和规划。

室内陈设在设计构思上应纵观室内空间全局、局部细致深入，

图 1-27

图 1-28

图 1-29

图 1-30

图 1-31

图 1-32

室内设计新诉求
——软装饰设计与案例欣赏

在方寸之间、在空间与空间的衔接上，创造出具有审美价值的多样化、个性化的陈设空间。充分利用不同陈设品所呈现出的不同性格特点和文化内涵，使单纯、枯燥、静态的环境空间变成丰富的、充满情趣的、动态的空间，从而满足不同政治、文化背景，不同社会阶层，不同消费需求的人的不同需求。

1、风格一致

室内艺术风格的统一是打造空间的重要方法，首先要给室内空间设计做定位，使室内陈设品与室内的基本风格和空间的使用功能相协调，营造出一种整体的气氛，即内部空间环境给人的总体印象。其次具有鲜明风格特征的物品本身就加强了空间的风格特征，对于塑造空间的个性和氛围十分重要。风格的统一是指在选择陈设品时选择同一风格的物品作为空间陈设的对象 (图 1-33)。

2、形态协调

室内软装饰设计的形式是通过空间、造型、色彩、光线、材质等要素，或归纳为形、色、光、质的完美组合所创造的整体审美效果。事实上是探讨陈设品在室内空间中存在的形式美法则。和谐是形式美的最高法则，体现在室内陈设中是统一性原则，就是利用各种陈设品组织摆设形成一个整体，营造出自然和谐、雅致格调的空间氛围 (图 1-34)。

图 1-33

图 1-34

室内设计新诉求
——软装饰设计与案例欣赏

3、色彩统一

色调统一的室内给人一种平和、安逸的氛围，是人们在室内最佳选择的色彩系统。对于色彩搭配的方法，一方面可以选择整体室内空间在同一色相中不同明度和纯度的变化形成室内整体色调的统一（图1-35）。另一方面可以选择对比关系的色彩进行设计，对比色是将色相环中成180°的两个颜色搭配在一起，使人感受到强烈的视觉冲击力，这类对比色的应用多用于装饰品或者小面积的色块（图1-36）。

图 1-35

图 1-36

　　　　　室内设计新诉求
　　　　　　　　——软装饰设计与案例欣赏

第五节 软装饰设计师的职业素质

一个优秀的软装饰设计师应该是复合型人才，需要把不同领域的专业知识合理地整合运用到软装饰设计中（图1-37）。

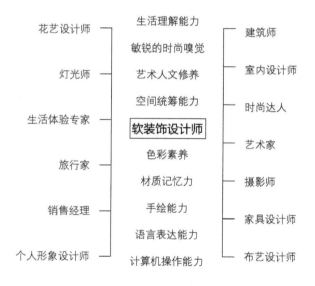

图1-37

一、设计师应具备良好的个人形象和艺术文化修养

设计师的"设计"是一种无形的产品，其实就是在销售自己的创意，因此，良好的个人形象能够帮助设计师提升和客户之间的信任度。客户的第一印象对设计师来说非常重要，因此，设计师需要注重自己的衣着打扮，适当时候可用一些小配饰（如帽子、丝巾、手链等）点缀自己。并不需要穿得奇形怪状，但要体现设计内涵。另外，还需要有一定的艺术修养，懂得不同地域的文化差异，清楚各种装饰风格的设计原理，结合自己的生活体验，在作品中灵活把握各种风格的文化元素。

二、设计师应拥有深厚的美学基础及专业水平

设计师要懂得发现美、创造美，设计师的专业水平也能给客户带来安全感。很多客户会在交谈时考究设计师的专业性，因此设计师要在与客户的交流中展示出自身的专业水平，或用熟练的手绘展示构思，或用专业术语描述硬装中需要改善的不足之处，这样才能时刻抓住客户的心理，让客户产生佩服甚至崇拜之感。

三、设计师应拥有较强的徒手绘画能力

每一个专业的室内软装饰设计师，都需要有优秀的草图描绘和

徒手作画能力。在与客户洽谈的时候，单凭语言不能令客户完全信服，脑中应该先有个大概的框架，要能够徒手把设计理念表达出来，在绘画时下笔应快速流畅，迅速地勾勒并渲染，这样交流就会比较流畅，增强直观性，增加说服力。

四、设计师应具有时尚嗅觉

设计师需要具有设计情趣和好的感受力，努力做到多听、多看、多感受。当一个人的穿着打扮、家居装饰甚至生活习惯开始被大多数人模仿时，这种被模仿的形态就叫作流行，它能够带给人时尚的感受并受大多数人的欢迎。因此，在软装设计中添加一些受到客户欢迎的时尚元素，会大大提高客户对作品的满意度，最终带给客户更多正面的情绪影响。

五、设计师应拥有良好的表达能力和交流沟通能力

大多数业主不具备优秀的审美能力，需要软装设计师拥有一定的交流沟通能力来引导业主发现美感，纠正业主的错误感官理念，尽可能地使自己的设计构思不受质疑与修改，帮助业主确定最适合的装饰设计方案。

六、设计师应能将软装设计与硬装设计完美结合

软装设计是室内设计过程的最后一个环节。软装设计不是独立存在的，它与硬装设计是相辅相成的6室内硬装设计师通过对客户意向的分析来确定一个设计主题，软装设计师需要做的是配合硬装设计师更好地营造这个主题的氛围，而绝不能孤立地去做软装搭配。

七、设计师应了解装饰元素

软装设计师在设计一套装饰方案时，一般是根据设计主题来选择装饰材料和物品的。设计主题的想象是无形的，而材料和物品这些设计元素都是有形的，而且数量种类有限，需要设计师非常了解各种装饰材料和家居产品(只有当足够数量的装饰材料和家居产品的颜色、质感、规格、价格等特点印在设计师的头脑里，或是保存在计算机里以后，设计师在选择时才能找到适合自己设计主题的相应产品和材料)，有时甚至需要设计师对装饰材料的制作和生产工艺有一定的了解。只有对装饰元素有了充分了解，才能实现设计主题所指引的最终效果。

八、设计师应能做出"漂亮"的设计

漂亮的设计能使客户对设计师做出最直接的肯定。当人们通过视觉刺激产生一些正面情绪的时候，才会说"漂亮""好看"。设

计师可以通过色彩、层次、造型、光影等方面来加强视觉效果，从而影响人们的正面情绪。

九、设计师应具备较强的市场营销能力

软装设计在很大层面上讲是一种市场营销，作为一名设计师，不仅仅要做好自己的设计方案，更应该懂得推销自己的设计。

室内软装饰设计之风格营造

室内设计新诉求
——软装饰设计与案例欣赏

第一节 中式风格

那些已更换、易变动位置的家具、灯饰、窗帘、地毯、挂画、插花、绿色植物、饰品等，在不同地域文化中相互结合，形成了各自独有的情调和风格……一般来讲，室内软装饰必须有总体的风格，或简洁、或豪华，或古典、或前卫、或中式、或欧式。

一、传统中式风格

中国传统风格是以宫廷建筑为代表的中国古典建筑的室内装饰设计艺术风格，其特点是气势恢弘、丽华贵、金碧辉煌，重视文化意蕴，造型讲究对称；图案多以龙、凤、龟、狮等为主，精雕细琢、瑰丽奇巧；空间讲究层次，多用隔窗、屏风来分割；擅用字画、古玩、卷轴、盆景等加以点缀；吸取传统装饰"形""神"的特征，以传统文化内涵为设计元素，体现了中国传统家居文化的独特魅力（图2-1）。

① 传统中式的住宅设计思想强调室内与周围环境融为一体，创

造出安宁与和谐的室内氛围。

② 色彩追求柔和自然，朴素雅致。红、黑为主要的装饰色彩。

③ 装饰材料以木材为主，着意体现东方木构架结构特有的形式与装饰，体现材料的质地美。家具选择上多为明式或清式的传统家具。

1、家具

中式传统风格的家具主要是明清样式家具。这类家具造型简练、以线为主，采用榫卯结构，在跨度较大的局部之间，镶以牙板、牙条、圈口、券口等；装饰手法有雕、镂、嵌、描；用材也很广泛，珐琅、螺钿、竹、牙、玉、石等都有使用；根据整体要求，在局部位置作小面积的透雕或镶嵌，如图2-1所示。博古架又称多宝格，是中式风格最常采用的一种装饰性家具，其上一般布置题材丰富的吉祥图案，称为博古图。吉祥图案的题材，大多取自中国神话、历史故事等，其纹样有动物、植物、山水、文字、人物、器物等，可由单一题材代表意义，也可多样题材组合传达完整的含义，如苏州同里退思园荫余堂（图2-2）。

2、天花、藻井

天花位于房屋立柱之上，梁枋之下，做法较简单，用木条做成大面积的方格网状椽条，在方格上铺木板即成天花。装饰上有的保持木头本身的色彩，也有用彩画。

藻井是顶棚的另一种形式，一般建在建筑顶棚的重要位置，用

图 2-1 中式风格

图 2-2 苏州同里退思园荫余堂

条木搭成四方形的井口，层层相叠，结构复杂，每一层都有装饰。藻井多采用抹脚、交叉叠木的做法，绘以青、绿、金、碧的色彩。

3、雀替、梁托

雀替，又称插脚或托木，是位于房屋外檐柱与梁柱相交处的木雕构件，两面均可采用木雕装饰，如图 2-3 所示。

建筑檐廊和室内梁柱处安置的雀替由于梁枋的高低错落，往往在柱子的两侧而不在一个水平面上，为了与雀替区别，称之为梁托。梁托形状多呈四分之一圆形，两个面上附有木雕装饰，紧贴于梁柱交接处，与梁成为一体，增添了装饰效果，如图 2-4 所示。

4、隔扇

隔扇一般指中间镶嵌通花格子的门。隔扇分为三部分：安装透光的通花格子称为格眼或花心；下半部的实心木格称为裙板；花心与裙板之间称为绦环板。木隔扇由传统建筑中的窗户演变而来，利用木构架的组合来充当墙的功能，使室内外空间隔而不断，屏而不闭，集实用与艺术一体。雕饰的重点在于隔扇的格眼和环板，多采用线条明晰、立体感强的浮雕和通透的镂空雕等，如图 2-5 所示。

5、花牙子、挂落

花牙子位于建筑梁柱交接处，外形如雀替，由回纹、动物纹、植物纹组成空棂花板，是一种纯装饰性的构件。在亭、榭、廊等建筑上可常见。

图 2-3 雀替

图 2-4 梁托

图 2-5 隔扇

挂落是挂在梁枋之下、柱子两侧的一种装饰，由连续性木雕或木棍雕花组成，形如室内的花罩。

6、装饰品

装饰品主要包括中式字画、匾幅、挂屏、盆景、瓷器、古玩等。

7、图案

常用图案主要包含以下三类：动物图案，多为龙、凤、龟、狮、饕餮、夔等；植物图案，多为莲花、牡丹、卷草；几何图案，多为吉祥纹、回纹、柿蒂纹、工字纹、云纹以及万字纹等。

实际上，上面所述的中国传统风格元素基本上可以列举如下：

① 民俗类：京戏脸谱（图2-6）、皮影、剪纸、风筝、门神、对联、年画、舞狮、绣花鞋、虎头鞋、泥人（图2-7）等。

② 人文类：中国书法、篆刻印章、中国结、武术、桃花扇、景泰蓝、玉雕、中国漆器（图2-8）、红灯笼（宫灯、纱灯）、木版水印、茶、中药、文房四宝、四大发明、线装书、观音手、中国乐器、瓷器、青铜器、中国画、敦煌壁画（图2-9）、兵马俑、元宝、如意、长命锁、丝绸以及中国古代的钱币等。

③ 纺织品类：唐装、帝王的皇冠、中国织绣、旗袍、肚兜等。

④ 建筑及装饰构件类：长城、华表、牌坊、秦砖汉瓦、石狮等。

⑤ 装饰纹样类：太极、八卦、龙凤纹、饕餮纹、如意纹、雷纹、回纹、十二章纹、祥云图案等。

室内设计新诉求
——软装饰设计与案例欣赏

图 2-6 京戏脸谱

图 2-7 泥人

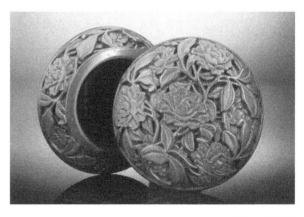

图 2-8 中国漆器

二、新中式风格

现代中式风格，也被称作新中式风格，是中国传统文化风格结合中国当代文化进行的当代设计。现代中式风格的设计，并不是简单的两种风格的合并，而是需要从功能、外观、文化内涵等方面进行综合考虑，对传统的元素作适当的简化与调整，对传统的材料、构造、工艺进行再创造，是在尊重中国传统文化的基础上，迎合现代人对简约时尚的追求而产生的新的设计风格。以现代人的审美需求来打造富有传统韵味的空间，让传统艺术在当今社会得以体现（图2-10）。

1、色彩

中国的建筑和家具以各种木料为主，又因为古典中式着意在室内营造庄重、宁静的感受，因此古朴沉着的暖棕色、黑灰色是最正统的室内设计主色调。当下的设计师得益于更丰富的木色和现代主义的审美观，各种中性色被灵活地运用在设计中。另一个色彩体系是在中国文化传承中形成的观念性色彩，譬如来自皇家的明黄、来自喜庆的大红、来自青花瓷的蓝色、来自水墨的黑色等，它们具有鲜明的可识别性和符号意义，以其承载的中国隐性文化来表达中式的感觉。

图 2-9 敦煌壁画

图 2-10 新中式风格

2、家具

①借形——中国传统家具特有的风格形态是最为人津津乐道的，所以新中式家具最常用的手法就是在尽可能保留原有结构的基础上进行改造。这些改造给人一种全新的感受，家具看起来仿佛是你平常所熟知的样式，但又和你所熟知的样式有所不同，对于设计师和使用者而言，是一种多美妙的审美体验。

②借意——人们喜爱正式传统家具，往往是因为中式家具的发展历程浸润着皇家贵族和文人士大夫对中国儒家精神与禅道的追求，它们处处流露出意境高雅、无花自芳的气息。特别是明代硬木制作技巧日趋成熟后，中式家具无论木作抑或藤编，多以展现原来的质感和颜色为主。

③借元素——设计师抽取中国传统装饰符号，通过简化、夸大或抽象化的处理，与现代风格的家具进行融合。

3、装饰品

新中式风格继承的虽然是传统的语汇，但在摆放方式上更趋向现代主义的自由形式。空间的视觉焦点展示最具中国特色的陈设品，以凸显新中式风格，而陈设品的风格应与整体相吻合，如简约的新中式风格适合素雅的摆件，雕刻繁复的清代家具不妨配上华丽的粉彩瓷器或景泰蓝工艺品。同时，为了让新中式空间多几分活力，可在整体统一的前提下进行小面积的对比，选择具有现代工艺、材质

室内设计新诉求
——软装饰设计与案例欣赏

或异国风味的陈设品进行混搭，从而突出新中式风格的"新"。

4、花艺

江南私家园林的主人想把诗文、绘画里的自然留在身边，因此他们在很小的空间里创造了一种充满"诗情画意"的咫尺山水，其中石艺、盆栽和花草的形式，以及对小空间的灵活运用，常常被借来充当室内软装饰。植物自然的姿态搭配古典样式家具及典雅的瓷器，舒朗之气确实传达出中国"天人合一"的意境。

5、布艺

新中式风格的布艺主要体现在对中国传统纹样的运用上，几何纹、植物纹、动物纹、人物纹、器物纹和文字纹六大类，中国传统纹样是对具象的表现主题进行抽象化的表达，讲求的是对称与均衡。它们蕴含着吉祥如意的含义，寄托了人们对居室和生活的祝福。另外，靠垫、地毯和窗帘等必须在颜色和图案方面呼应主体风格，才能展现出和谐的效果，通常丝质和刺绣的布艺更受到青睐，因为它们能很好地体现出新中式风格的典雅。

第二节 日式风格

日式风格并不推崇豪华奢侈、金碧辉煌，而是以淡雅节制、深邃禅意为境界，重视实际功能，讲究空间的流动与分隔，流动为一室，分隔则分为几个功能空间，空间总是充满无限禅意，可以让人静静地思考。一般采用清晰的线条，居室给人的感觉非常优雅、清洁，有较强的集合立体感，总体装修简洁而淡雅。日式风格的屋子一般较通透，人与自然统一，不尚装饰，简约简洁，空间敞亮、自由，适合在都市中寻找宁静的人群。

1、色彩

"白、黑、青、赤"是日式家居的传统用色，由于无论硬装还是软装，竹子、木头和草席这样的天然材质均贯穿在日式家居中，木色因此成为日式家具的主要表情，构筑了一个简单、轻松的心灵居所。

黑色庄重、神秘的性格被认为与禅宗有天然的联系，从茶道用具的色彩便可窥见一斑。在居室中，黑色通常和白色搭配或者作为单独的点缀色而存在。

由于受到中国唐朝青绿山水的影响，群青、深绿一直是日本装饰画中的主要颜色，不同于西方把青色和绿色视为冷色，日式室内的青色和绿色通常是来自装饰画和各式盆景、窗户借景的颜色，洋溢的是温柔、清澄的感受。

2、空间布局

日本传统居屋内的隔间多作多种用途，汇聚了家庭中的大多数功能，可依需要作为聚会、用餐、书房、卧房及临时之用。后来，人们开始在房柱之间装上拉门或隔扇来分隔空间。新式的日式设计更多地考虑到人体的空间尺度、舒适性及功能要求，利用色彩、图案以及镜面的反射来扩展空间。现今日式风格的居室通常在客厅一角隔出一间和室，需要作为卧室的时候只需将隔扇门拉上，即可成为一个独立的空间。和室门窗宽大透光、家具低矮、内多用活动拉门，总体给人以宽敞明亮的感觉（图2-11）。

3、家具

日式家具以清新自然、简洁淡雅为主，选材上也非常注重自然质感，能与大自然融为一体，营造出闲适写意、悠然自得的生活境界。传统的和室是日式家具的精髓。日式家具简约质朴，不必要的雕饰被认为会影响人们欣赏家具形式和材料，因此大部分的日式家具都只是涂以清漆。日式家居还擅长把工整的秩序做到极致，用各种柜子和架子收藏收纳东西，日常用品被最大限度地隐藏起来，生活在其中的人们想通过家居的整洁来最求内心的简单，因此日式家居空间虽然较小，不过极简的设计使其看起来比实际的大。日本茶道和其他东南亚茶仪式一样，都是一种以品茶为主体而发展出来的特殊文化，茶道的精神已延伸到茶室内外的布置上。茶文化已有较久的历史，目前日式风格在一些茶室的设计中得到了应用（图 2-12）。

4、装饰品

表面看来，日本的工艺品与中国的非常相似，但在深入审视之后你会发现，日本的手工艺者对待手工艺的态度是独一无二的。日本工艺常常是质朴与装饰美的紧密结合，简单的造型有时配上精致的花纹，素雅的器具会因为细节而显得精巧。柳条制品、木制品和陶瓷既是实用的器皿，又是质朴艺术的代表。特别是茶道助长了一种对简约的自觉崇拜，活泼而粗犷、形状不匀称的瓷器，是为了承载一种清澄恬淡的品质，一种"不规则、不事雕饰和故意缺少技术上的熟练技巧"，一种不完美的美，这种风格的精神也正是茶道本身的精髓。

5、花艺

把枯山水造园手法运用到室内，是实现家居与自然共生最直接的方式，枯山水用白沙象征溪流、大川或云雾，用石块象征高山、

室内设计新诉求
——软装饰设计与案例欣赏

图 2-11

图 2-12

瀑布或岛屿，以单纯的材料营造空白与距离，把园林推向抽象的极致，借以灯光，在白墙或木材的映衬下生出依山傍水的诗情画意。

　　日本的花艺延续枯山水的精神，既是模拟大自然的形态，又进一步提炼这种形态，使人在树枝密叶间、在有与无之间体悟内心。

室内设计新诉求
——软装饰设计与案例欣赏

第三节 欧式风格

欧式风格的特点是端庄典雅、华丽高贵、金碧辉煌，体现了欧洲各国传统文化内涵。欧式风格按不同的地域文化可分为北欧、简欧和传统欧式。它在形式上以浪漫主义为基础，装修材料常用大理石，多彩的织物，精美的地毯，精致的法国壁挂，整个风格豪华、富丽，充满强烈的动感效果。一般说到欧式风格，会给人以豪华、大气、奢侈的感觉，主要的特点是采用了罗马柱、壁炉、拱形或尖肋拱顶、顶部灯盘或者壁画等具有欧洲传统的元素。

如图 2-13 所示，餐桌上精美的餐具、娇艳的花束，本身就可以获得视觉上的享受，墙上应景的餐具装饰画框质感高雅，水晶吊灯彰显贵族的华丽。图 2-14 所示，采用了欧式风格中常用的拱形元素作为墙面装饰，独特的马赛克拼花极具风情。左右对称的人像烛台，造型生动。

壁炉在早期的欧式家居中主要为了取暖，后来随着欧式风格的逐渐风靡，壁炉逐渐演变成欧式装饰中的重要元素。如图 2-15 所示，壁炉作为造型出现，在台面上可以摆放装饰物品，挂上欧式的油画，形成一处风景。

彩绘也是欧式风格常用的一种装饰手法。如图 2-16 所示，在墙面造型中，画一幅写实的油画作为墙面的背景，前面摆放装饰柜，搭配对称的灯具和花卉，亦真亦假。

罗马柱是欧式风格中必备的柱式装饰，罗马柱的柱式主要分为多立克柱式、爱奥尼柱式、科林斯柱式，此外，还有人像柱在欧式风格中也较为常见。

欧式风格比较注重墙面装饰线条和墙面造型，如图 2-17 所示，墙面上部是大理石饰面，下部是带有装饰线条的护墙板。在墙面的装饰采用对称式布局形态，以装饰镜为中心，壁灯和装饰画分别左右对称。

一、巴洛克风格

巴洛克是一种代表欧洲文化典型的艺术风格，可以追溯至以意大利为首的欧洲国家在巴洛克时期的建筑与家具风格。这个时期的室内装饰设计强调建筑绘画与雕塑以及室内环境等的综合效果，突出夸张、浪漫、激情和非理性、幻觉、幻想等特点（图 2-18）。

巴洛克风格的特点：奢侈与豪华，结合宗教特色和享乐主义；

图 2-13

图 2-14

图 2-15

图 2-16

图 2-17

激情与气派，强调艺术家的丰富想象力；运动与变化，体现巴洛克艺术的灵魂；优雅与浪漫，富丽的装饰和雕刻以及强烈的视觉色彩；艺术形式的综合表现，在建筑上重视建筑与雕刻、绘画的综合，在陈设品上重视各种工艺和材料的结合运用。

1、家具

巴洛克家具以壮丽与宏伟著称，强调力度、变化和动感的特色。一方面家具结构的造型特点表现在尺寸巨大，结构线条多为直线，强调对称，整体呈方正感，通常只在椅背或者桌面边缘有一些平缓的曲线起伏。为了体现其厚重感，椅子一般带有扶手和靠背，椅背普遍很高且两侧呈直线形，顶端带有平缓的曲线或装饰，给人以古典庄重之感。另一方面家具装饰的表现手法恰到好处地采用活泼但不矫饰的艺术图案，家具覆面十分华丽，各种各样的垫子起到了重要的装饰作用。装饰物总是大于正常比例且左右对称，贝壳、莨叶是其经常使用的装饰。家具设计的最大特色是将富于表现力的装饰细部相对集中，简化不必要的部分而强调整体结构。因此相对应的室内软装陈设，包括墙壁和门窗的设计和设置，皆与家具的总体造型与装饰风格保持严格统一，创造了一种建筑与家具、软装饰和谐一致的总体效果。

2、装饰品

巴洛克时期，贵族对充满异国情调的东方趣味十分好奇，所以

图 2-18

巴洛克装饰往往融合了一些东方元素，例如，在纺织品纹样中出现中国的山水风景和阿拉伯人物题材，或者模仿伊斯兰纹样。

坐落在巴黎凡尔赛镇的凡尔赛宫宫殿和城堡内部的巴洛克式陈设和装潢是世界艺术殿堂上的瑰宝。

镜厅，又称镜廊，是凡尔赛宫最著名的大厅。长73米，高12.3米，宽10.5米，一面是面向花园的17扇巨大落地玻璃窗，另一面是由483块镜子组成的巨大镜面：镜廊拱形天花板上是勒勃兰的巨幅油画，挥洒淋漓，气势横溢，展现了一幅幅风起云涌的历史画面。厅内天花板上为巨大的波希米亚水晶吊灯，大理石和镀金的石膏工艺装点着墙面，高大的拱窗和瑰丽的天花板，体现出巴洛克风格室内设计的华丽与雄壮。地板为细木雕花，墙壁以淡紫色和白色大理石贴面装饰，柱子为绿色大理石，柱头、柱脚和护壁均为黄铜镀金，装饰图案的主题是展开双翼的太阳，表示对路易十四的崇敬（图2-19）。

二、洛可可风格

18世纪的法国，一种非对称的、富有动感的、自由奔放而又纤细、轻巧、华丽繁复的装饰样式，被后人称为洛可可艺术风格。其设计特点是室内装饰和家具造型上凸起的贝壳纹样曲线和莨叶呈锯齿状的叶子，以及蜿蜒反复出现的意趣盎然的曲线，常用C形、S形、漩涡形等形式，造型构图遵从非对称法则，且带有轻快、优雅的运

图 2-19 凡尔赛宫·镜厅

动感。洛可可崇尚自然，装饰题材常用蚌壳、水草及其他植物曲线为花纹，局部以人物点缀，并以高度程式化的图案语言表达：打破了艺术上的对称、均衡、朴实的规律，在家具、建筑、室内等艺术的装饰设计上，以复杂自由的波浪线条为主势，把镶嵌画以及许多镜子用于室内装饰，形成了一种轻快精巧、优美华丽、闪耀虚幻的装饰效果。色彩娇艳、光泽闪烁，象牙白和金黄是其流行色，并经常使用玻璃镜、水晶灯强化效果，色泽柔和、艳丽，以白色、金色、粉红、粉绿和粉黄等娇嫩色调为主，并以大量饰金的手法营造出一个金碧辉煌的室内空间。

洛可可风格的特点：细腻柔媚，变化万千，但有时流于矫揉造作。室内墙面粉刷爱用嫩绿、粉红、玫瑰红等鲜艳的浅色调，线脚大多用金色，墙面大量镶嵌的镜子闪烁着光辉，低垂厚重的幔帐，悬挂晶体玻璃的吊灯，室内护壁板有时用木板，有时做成精致的格框，框内四周又一圈花边，中间常衬以浅色东方织锦，居室陈设着精美的中国瓷器、屏风、地毯，墙面上贴着绸缎的墙纸、天鹅绒布面，光滑漂亮白色大理石花纹。

1、家具

洛可可家具有着如流水般的木雕曲面和曲线，其形态更加优美，上面饰以精美的雕饰、华丽的织物覆面，工匠把最优美的形式与最可能的舒适效果巧妙地结合在一起。非对称美是洛可可风格最为认知的特色，从沙发的造型到各种细节装饰，都常使用非对称的手段增加动感效果，营造出一种戏剧化的室内气氛，彰显主人的爱好和品位。桌腿和椅腿大部分是 S 形，以各种花草形状组合在一起，甚至是人像和动物。洛可可风格的家具华丽精致而偏于烦琐，不像巴洛克风格那样色彩强烈，装饰浓艳，它以不对称的轻快纤细曲线著称，以回旋曲折的贝壳形曲线和精细纤巧的雕饰为主要特征，以凸曲线和弯脚作为主要造型基调，以研究中国漆为基础，发展出一种既有中国风格又有欧洲独自特点的流行装饰技法。

2、装饰品

充满动感的天使雕塑、花枝烛台和各式各样的镜子都显示出洛可可风格，烛台宛如花朵的造型，每个弯曲处都异常精致优美，镜子的映射作用一方面扩大了室内的空间感，削弱了建筑的特点，使装饰趋向于统一和谐，另一方面，镜子闪烁的反射光和金色的边框增强了洛可可风格装饰的闪耀之感。

在影片《绝代艳后》中，洛可可风格到处可以见到。在服装上，这场美轮美奂的宫廷时装秀获得了第 79 届奥斯卡最佳服装设计奖。而在室内装饰中，更是将洛可可风格发挥到了极致（图 2-20、图 2-21）。

在《绝代艳后》中，室内设计也是一种轻松明快的风格。不仅在色彩上，白色和灰色的交融不仅没有那种腻或者沉闷的风格，相

图 2-20 《绝代艳后》剧照一

室内设计新诉求
——软装饰设计与案例欣赏

反显得更加典雅和美好。而在装饰上，则显得纤巧。家具的装饰则呈现出一种繁复和华丽。如玛丽·安托伊奈特坐的椅子，上面有着繁复的涡旋状花朵纹样，典雅且高贵。在影片中，无论是建筑还是室内的装饰，都是一种轻松和明快典雅的艺术。室内的场景多摆设着美丽的鲜花，鲜花的摆放有着装饰作用的同时，也是一种崇尚自然的追求和体现。在洛可可风格中，鲜花的繁茂美丽与中国瓷器的结合，平添出一分美好来。影片中，玛丽·安托伊奈特站在鲜花摆设的房间中，衣着繁复华丽，粉红色的褶皱与白色的花边几乎融入背景的白色墙壁中。白色的墙壁贴有线条纤细的石膏，布艺饰以甜美的小碎花图案，镀金装饰在浅色调的空间里十分显眼，充满娇艳柔美之感。这些场景，都在展示法国式的优雅和洛可可式的柔美，不仅使观众沉醉于其中，《绝代艳后》的奢华洛可可风格，在实现一场华丽的时尚盛宴的同时，也带领着观众在奢华轻快的洛可可柔美风格中进行了一次游历。

图 2-21 《绝代艳后》剧照二

第四节 新古典风格

新古典并不等同于古典，是隔着历史遥远的距离，把古典元素拿到当代来重新使用，赋予这些元素新的时代意义。新古典风格的精髓在于其摒弃了巴洛克时期过于复杂的机理和装饰，结合洛可可风格元素，向更学院式、更严谨的方向发展。简化了线条，重新流行直线和古典规范。其运用于软装设计上的特点是简单的线条、优雅的姿态、理性的秩序和谐。

1、家具

百日榻兴起于法国新古典主义时期，是其家具创造的代表，它以营地床形状为造型，带有帐篷一样的床帏，是对当时革命热潮主题的呼应，显示了新古典主义对古希腊古罗马的崇拜与模仿。百日榻因其优雅的造型和慵懒舒适的气息受到贵族的喜爱，成为了卧室或书房的必备家具，并由此演变出许多形式。这种可坐卧两用的榻，适用于比较隐私和轻松的空间，如卧室、书房和起居室等，营造出舒适而又典雅的气氛，适合摆放在室内不靠墙的空间，如落地窗边、床尾等。

2、装饰品

新古典主义更加偏好那些来自古希腊古罗马的工艺趣味，雕塑和古典样式的花瓶本身既是家居中的一个元素，又是精美的艺术品，既可远观又可把玩。欧洲悠久的艺术历史无论是在样式还是在题材上都为设计师提供了无尽的选择，而在新古典风格中，以造型大气、纹饰节制典雅的艺术品更为适宜。除此之外，精美的工艺玻璃、模仿壁烛台的壁灯、用于展示或者做餐具用的银器都能提升欧式风格的古典倾向。

新古典具备了古典与现代的双重审美效果。几本书，一壶茶，便可慵懒地在沙发里独自消磨午后时光。设计师从细节到整体的微妙处理，为空间带来无限的灵性与贵气：棕色皮革沙发搭上同色系的实木家具彰显出硬朗的气质，为了不让空间显得过于拘谨和庄重，精致的花艺和饰品的注入起到了调节作用，同时，壁炉上方的装饰画为空间带来了一抹轻松愉悦。同色系的色彩搭配有助于体现新古典主义大气稳重的特点，特别是在大空间中，重色的运用能够加强整个空间的厚重感，再通过陈设品去调节空间的层次感（图2-22）。

图 2-22

第五节 现代风格

三位建筑大师对现代主义的影响较大。现代主义建筑的主要倡导者、机器美学的重要奠基人柯布西耶曾说过"装饰就是罪恶"，他喜欢用格子、立方体进行设计，还经常用简单的几何图形来强调机械的美，对建筑设计强调"原始的形体是美的形体"，赞美简单的几何形体。

密斯·凡德罗是 20 世纪中期世界上最著名的四位现代建筑大师之一，作为钢铁和玻璃建筑结构之父，他所坚持的"少就是多"的建筑设计哲学，集中反映了他的建筑观点和艺术特色，在处理手法上主张流动空间的新概念。当然"少"不是空白而是精简，"多"不是拥挤而是完美，只是没有杂乱的装饰，没有无中生有的变化。密斯的建筑艺术依赖于结构，但不受结构限制，从结构中产生，反过来又要求精心制作结构。

另外一位最重要的建筑师是美国的弗兰克·劳埃德·赖特，他对现代建筑有很大的影响。赖特的建筑作品充满着天然气息和艺术魅力，其代表作"流水别墅"表现了他对材料的天然特性的尊重。赖特从小生长在威斯康星峡谷的大自然环境之中，体会到了自然固有的旋律和节奏，产生了崇尚自然的建筑观，提倡"有机建筑"。他对自然的理解给现代风格的形成也产生了一定的影响。

在设计细节上，现代风格多采用最新的材料，例如不锈钢、铝塑板或合金材料等，作为室内装饰及家具设计的主要材料。墙面多采用艺术玻璃、简洁抽象的挂画。窗帘的装饰纹样多以抽象的点、线、面为主。床罩、地毯、沙发布的纹样都应与此一致，其他装饰物（如瓷器、陶器或其他小装饰品）的造型也应简洁抽象。以求得更多共性，突显现代简洁主题（图2-23、图2-24）。

在装饰元素上，现代风格色彩多采用黑、白、灰这类素色，省去了浮躁的颜色，剩下的只有宁静。再配合点、线、面的灵活运用，营造出活泼的空间氛围。家具上保留材质、色彩的大致感觉，线条利落简洁，除了橱柜为简单的直线直角外、沙发、床架、桌子亦为直线，不带太多曲线、造型简单、富含设计或哲学意味，但不夸张（图2-25）。

强烈设计的功能，虽然线条与颜色简单，极简家具的功能并不简单，例如在可塑性最高的椅子部分，极简设计的椅子还可以自由调整高度、变化造型；床架可打开成为储物箱；桌椅可拉开变宽等。

图 2-23

图 2-24

现代主义的搭配方式有以下几种。

① 现代主义＋古典主义软装饰点缀。古典主义高贵深邃的气质，弥补了现代主义的朴素感。

② 现代主义＋波普软装饰的跳跃色彩。现代主义的平滑朴实调和了波普风格强烈色彩图案的视觉冲击力，不会因为色彩的活跃性，给人造成长时间兴奋而产生的不适感。

③ 现代主义＋中式元素软装饰。中式元素软装饰的注入，增添了现代主义的文化气息，干练且素雅。

图 2-25

第六节 田园风格

　　田园风格，也叫乡村风格，有别于严肃、华丽、装饰复杂的古典风格，田园风格追求的是舒适的、休闲的和生机勃勃的氛围。田园风格形式多样，但无论是原汁原味的英式田园、粗犷的美式田园、多彩的法式田园还是甜美的法式田园，都从实用的家具、炫彩的织物中流露出一种悠然自得的雅致。

一、英式田园风格

　　英式田园丰富的装饰语汇使它成为田园风格中的最具魅力者。英式田园的整体色彩比较深沉，通常以棕色的家具、深色的壁纸和布艺，与棕色或红色的地板相互搭配；或者是米黄色调搭配各种花色的大面积布艺，营造出秋天般的醇厚氛围。英式田园对各式花纹和图案情有独钟，在选择窗帘、抱枕、桌布和壁纸等时最好选用颜色和风格比较统一的花纹样式 (图 2-26)。

图 2-26

图 2-27

二、法式田园风格

法式田园风格是由文艺复兴式风格演变而来的，它吸收了路易十四时期的装饰元素，并将其以更为注重舒适度和日常生活的方式表现于普通百姓的家庭设计中。至今，法式田园风格仍然广受推崇。

自然做旧的效果——这种效果的起源是希望家具设计更具持久性、更为耐用；非常注重舒适度和日常使用性。

简洁的家具、淡雅的色彩、舒适的布艺沙发均是对法式田园风格的诠释与应用；法式田园风格具有代表性的软装摆设有木制储物橱柜、铁艺收纳篮、装饰餐盘、木制餐桌、靠背餐椅或藤编座垫；淡雅、简洁色调的亚麻布艺是法式田园风格软装必不可少的装饰，木耳边是这些布艺的常用方法。木头雕刻装饰的主要形象：表示丰收、富饶的麦穗、羊角和葡萄藤等；代表肥沃和孕育的贝壳；寓意爱的鸽子及爱心等。

在图 2-27 中，法国田园风格更喜欢用明快的色彩，在意营造空间的流畅感和系列化，非常偏爱用曲线，整体感觉非常优雅、尊贵而内敛。暗木色的台阶表面和铁艺的扶手栏杆充满了优雅的细节；直接裸露的横梁为拱顶的房间增添一份风韵；保留原始拼贴感觉的石墙看似沧桑却颇有韵味。斑驳的毛石如同刚从采石厂获得一般新鲜，裸露的房梁和木质吊顶复古做旧，透露出设计师对这栋乡间别墅的风格解读。

三、中式田园风格

中式田园风格注重人文气息和自然恬适之感,利用竹、藤、石、水、花、草、字、画等元素,营造出雅致空间,主客置身其中,品茗博弈。

中式田园强调的是"中国风",如江南水乡的风格,室内采用大量的木结构装饰,室外则通过假山、水景、金鱼池等景致表现。在家具的选择上,应以纯实木为骨架,适当配以具有中国特色的图案或物件,如农耕器具、陶瓷、竹子和中国象征性的图腾等,从而体现出中国田园所具有的自然、和谐(图 2-28)。

四、美式田园风格

美式田园风格源于美国乡村生活,与法式田园风格类似,也运用了大量木材,注重简单的生活方式,强调手工元素和温馨的氛围。美式田园风格元素被广泛运用于客厅、餐厅和厨房等家人团聚的场所,以及诸如阳台、门廊等与邻居和亲朋好友闲聊叙旧的地方(图 2-29)。

美式田园风格注重温馨和舒适度,没有过多的装饰、绚烂的色彩和繁复的线条。所有欧式风格的造型,比如拱门、壁炉、廊柱等,都可以在美式田园风格的硬装造型中出现,所不同的是,这些硬装

图 2-28

造型的线条更加简单，体积都要明显缩小。

许多美国家庭还会根据季节和假日来变换家里的装饰，色彩方面主要有美国星条旗组合——红、白、蓝色，还有一种以 Betsy Ross 制作的最老的古董星条旗为灵感的做旧色彩组合，以及带有茶色陈旧感的红、白、蓝；标志性圈式有代表南部热情好客的菠萝图案、鸟屋等；大量运用带有温馨情感文字的装饰品；家具装饰等刻意做旧。

五、南亚田园风格

南亚田园风格的家具显得粗犷，但平和而容易接近。

材质多为柚木，光亮感强，也有椰壳、藤等材质的家具。做旧工艺多，并喜做雕花。色调以咖啡色为主。

图 2-29

第七节 地中海风格

地中海风格是最富有人文精神和艺术气质的装修风格之一。自由、自然、浪漫、休闲是地中海风格的装修精髓。地中海风格的基础是明亮、大胆、色彩丰富、简单、民族性，有明显特色；不需要太多的设计技巧，保持简单的意念，捕捉光线、取材大自然，大胆而自由地运用色彩、样式。地中海风格的装修通过一些开放性和通透性的建筑装饰语言来表达地中海装修风格的自由精神内涵。而地中海风格最具魅力之处还在于其纯美的色彩，如西班牙蔚蓝色的海岸与白色沙滩，希腊的白色村庄在碧海蓝天下的美景，南意大利的向日葵花田流淌在阳光下的金黄，法国南部薰衣草飘来的蓝紫色香气，北非特有沙漠、岩石等自然景观的红褐、土黄的浓郁色彩组合。由于光照足，这些丰富的色彩的饱和度都很高，因此地中海的色彩特征就是无须造作，本色呈现（图2-30）。

地中海风格通常将海洋元素应用到家居设计中，给人自然浪漫，

图 2-30

第二章
室内软装饰设计之风格营造

蔚蓝明快的舒适感。在造型上广泛运用拱门

地中海风格特点是在室内空间的表现上力求创造穿透感与视觉延伸。将地中海当地建筑特色的再现是地中海风格的设计重点，如拱门与半拱门、马蹄状的门窗、手工漆刷的粉白墙、被海风吹掠经年的粗糙灰泥墙或橘黄色土墙。空间设计上运用拱门、窗户、镂空墙来营造视觉穿透感，使之更具延伸效果。此外，墙面均可运用半穿凿或者全穿凿的方式来塑造室内的景中窗，通过墙面的不平整和手工感来表现人情味。家具多采用低彩度、线条简单且修边浑圆的木制家具，形成一种独特的浑圆造型，以木、藤等材质为主。

地中海风格居室的设计舍弃了浮华的石材，采用手刷漆镶贴出来的马赛克图案，有些地区甚至以鹅卵石铺地，配以简单而淳朴的家具，如铸铁的吊灯、烛台等，充满了质朴气息，地面多铺仿古砖、陶砖或石板。

地中海风格是一种讲求天然舒适的风格，随意简单的工艺方式最好带有强烈的手工痕迹，而复杂的、华丽的装饰则与地中海风格格格不入，处处透着舒适、随意的气息。

面料以棉麻最能搭配地中海风格偏好的粗粝的灰泥面和各种瓷砖，素雅的条纹图案毫无疑问是最被认可的纹样。海洋是灵感的重要来源，所以希腊地区的布艺总少不了各种帆船、鱼虾、贝壳的形象；来自山地的织物，如柠檬、橄榄叶、爬藤等都是布艺艺术家灵感的来源；一些古老的图案，不似欧式风格和田园风格的复杂，通常是朴素的、几何形状的装饰图案，结合图案化的织物纹样变幻出无尽的美丽。

地中海的绿化无处不在，除了传统绿化，还偏爱垂直绿化、花果盘以及用陶罐装饰的鲜花。

地中海风格整体设计上追求自然采光的空间和直观简练的结构，展现自由、浪漫、轻松的室内设计气氛。

地中海风格的搭配方法有以下几种。

1、色彩搭配，简单实用

地中海常见的色彩搭配如下。

① 蓝与白。这是最经典也是最常见的地中海风格装修搭配方案。蓝色的门窗、白色的墙面，蓝白条纹相间的壁纸和布艺，贝壳、细沙混合的手刷墙面，鹅卵石的路面，马赛克的镶嵌，铁艺、器皿、船舵等饰品的点缀，无不体现出自然清新的生活氛围（图2-31）。

② 黄色、蓝紫和绿色。如同黄色的向日葵，以及弥漫在空气中幽幽的薰衣草芬芳，处处营造着浪漫、甜蜜、自然的氛围（图2-32）。

③ 土黄与红褐色。这是北非沙漠的地貌特征，色调搭配的粗犷和原始给人一种亲近自然的质朴和淳美的感觉。虽然地中海周边国家较多，民风也有些差异，但独特的气候特征让各国地中海风格的特点基本一致（图2-33）。

图 2-31

图 2-32

2、布艺软饰，轻松搭配

地中海风格家居中，窗帘、沙发布、餐布、床品等软装饰织物，所用的布艺面料以低彩度色调的天然棉麻织物为首选，小碎花、条纹、格子图案的布艺是其主要的装饰风格，配以造型圆润的原木家具。

3、家居饰品，自然释放

地中海风格家居饰品主要以手工质地、铁质铸造等工艺品装饰。这类风格主要追求质朴自然、惬意宁静的一种回归的感觉，不需要精雕细琢，自然流畅的曲线造型。马赛克、贝壳、小石子等装饰物的点缀，阳光、大海、沙滩、岛屿仿佛呈现眼前。

4、将室外的绿色搬进室内

室内绿化在地中海风格家居中也十分重要，藤蔓植物，缠绕穿插与墙边廊上，藤编摇椅旁茂盛的观叶植物，茶几壁炉上的精致盆景等，虽不经意，但却能增加室内的灵动和生气，在室内营造一种大自然的氛围。

图 2-33

第八节 东南亚风格

　　无论是风景旖旎的巴厘岛，还是具有"东方夏威夷"之称的芭提雅，东南亚的神秘总是让人着迷。东南亚属于热带地区，常年日照充足，温度高，气候潮湿，当地的居民多喜欢户外活动。因为东南亚的雨水较多，建筑的屋顶多采用大坡顶的形式，便于排水。又因当地盛产木材，所以建筑材料多以木质为主。印度尼西亚的藤、马来西亚河道里的水草、泰国的木皮都散发着浓浓的自然气息。泰国艳丽多彩的泰丝、安静祥和的佛教文化，处处透露着热情与神秘、激情与向往，这正是每一个崇尚自然，热爱东南亚风格的人对生活的向往。

　　东南亚风格的室内装饰以休闲、轻松和舒适为主，强调天然材料和提倡环保（图2-34）。在色彩搭配上绚丽夺目，大胆使用一些鲜艳明快的原色调，例如，棕色，黑色，绿色、红色和黄色，金色，追求个性的彰显。

在造型上以对称的木结构为主（图2-35），常采用芭蕉叶砂岩造型，旨在营造出浓郁的热带风情。

东南亚通常以本地盛产的藤、木、竹为主要原料，但东南亚家具一般都是采用两种以上不同材料混制而成，如藤条与木片、藤编与竹条等组合，这样便能通过不同材料的宽窄、深浅搭配，变幻出无尽的样式。通常朴实的质地和颜色也是这类家具的重要特色。

东南亚风格家具强调结构的通透性，室外光线和景色通过窗户和局部开放的空间引入室内，因此藤编或镂空的折叠屏风是一种灵活多变、非常受欢迎的陈设物——既可以作为背景，又可以作为实现的隔断而不阻挡空气的流通。床往往设计得宽而矮，通常带有简洁的床架，配合纱幔使用可以更好地适应亚热带的天气。

工艺品点缀空间也是东南亚风格装饰的特色之一，大多由带有浓郁宗教色彩的佛像、面具、木雕与带有热带植物风情的藤编摆放器、椰丝工艺品、泰式挂件等组成。软装饰以做工精美的布艺制品为主，悬挂各种布艺帷帐，增加神秘感。靠垫刺绣精细、华丽精美。布艺搭配较为华丽，强调冷暖色的配合，常用黄色和神秘的紫色为主色调。植物的选用上多为明亮的常绿植物（图2-36）。

图 2-34

图 2-35

图 2-36

第九节 其他风格

一、北欧风格

北欧风格指欧洲北部挪威、丹麦、瑞典、芬兰和冰岛的室内设计风格。因为这些地区长期处于冬季、气候反差大，具有茂密的森林和充足的水源环境，从而形成了独特的具有原野气息的装饰风格。

北欧风格给人一种闲散大方的空间感觉，造型利落、简洁，花纹结构精致美观色泽自然而富有灵气，在墙、地、顶的装饰中常常不用纹样和图案来装饰，只用简单的线条和色块来进行点缀，却能巧妙地将功能与典雅结合在一起。因能满足人们对自然环境的需求，深受现代人的喜爱（图2-37）。

采用未经加工的原木，最大限度保持木材原有色彩和质感，常采用玻璃、铁艺、石材等，并以木藤和柔软的纱麻织物为主。

色彩上多采用鲜艳的纯色。北欧风格的另一个特点就是常运用黑白色进行装饰。白色如北欧的皑皑白雪，柔软、清新、明亮。

北欧风格的代表就是树木和森林，因此软装饰中会经常采用森林图案靠垫、画框、半圆的台灯等，极具创意。

二、哥特式风格

哥特式室内装饰造型华丽、色彩丰富明亮的。内部通常使用金属格栅、门栏、木质隔间、石头雕刻的屏风和照明烛台等作为陈设和装饰；采用哥特式建筑主题如拱券、花窗格、四叶式建筑、布卷褶皱、雕刻和镂雕等设计家具；哥特式柜子和座椅多为镶嵌板式设计，既可用来储物，又可当作座位使用；许多华丽的哥特式宅邸中通常会有彩色的窗帘、刺绣帷幔和床品、拼贴精致的地板和精雕细琢的木质家具；内部装饰多以仿建筑的繁复木雕工艺、金属工艺和编织工艺为主，让室内装饰变得丰富多彩（图2-38）。

三、文艺复兴风格

随着传统古董和经典艺术越来越被人们欣赏，室内装饰也逐渐变得更为华丽与丰富，绘画、雕塑和许多其他艺术品都被大量地展示在家中，用于装饰；家具多采用直线式样，并配以古典的浮雕图案，除少量运用橡木、杉木、丝柏木外，基本采用核桃木制作，节省木

图 2-37

图 2-38

图 2-39

室内设计新诉求
——软装饰设计与案例欣赏

材是当时的制作风气；采用大量的丝织品作为家具的装饰物，帷幔、靠枕和许多其他家纺用品都色彩鲜艳、图案丰富（图2-39）。

四、西班牙传统风格

西班牙传统风格的室内装饰与文艺复兴式风格类似，既可华丽繁复，也可简约休闲。采用灰泥粉饰墙面，大多数房梁选择外露的方式；铸铁艺术装饰品是这种风格的主要元素，而彩砖、地毯、帷幔和暖色调的其他装饰则起到了软化、柔和的作用。

家具以深色为主，但样式较为简洁和纯朴，沙发采用配有钉饰的皮革软包；采用深红、金色、绿色和蓝色等色彩浓艳而华丽的帷幔和窗帘。休闲的西班牙传统风格中，通常用百叶窗或者推窗；常见铁艺或黄铜的华丽烛台、蜡烛吊灯、铁艺窗格、铁艺门栏；室内陈列物多采用西班牙风格的彩绘陶艺（图2-40）。

五、伊斯兰风格

伊斯兰风格的特征是东西合璧，室内色彩跳跃、对比、华丽，其表面装饰突出粉画，彩色玻璃面砖镶嵌，门窗常用雕花、透雕的板材做栏板，还常用石膏浮雕做装饰。砖工艺的石钟乳体是伊斯兰风格最具特色的手法（图2-41）。

伊斯兰风格常用于室内的局部装饰，如彩色玻璃马赛克镶嵌用于玄关或家中的隔断上是伊斯兰风格经常表现的方式。

六、美式风格

1、美式古典风格

美式古典家具在欧洲风格的基础上融合了美国本土的风俗文化，其最大的特点是贵气、大气又不失自在和随意。家具的体积较大，舒适性强，牢固耐用且具有丰富的功能性。整体颜色看上去比较厚重、深沉，具有贵族气息。美式风格的这些元素迎合了时下的文化资产者对生活方式的追求，既有文化感、贵气感，也不能缺乏自在感与情调（图2-42）。

2、美式现代风格

美式现代风格是建立在对古典的新认识上的，强调简洁、明晰的线条和优雅、得体、有度的装饰，给人的感受是低调而大气（图2-43）。

3、美式工业风格

美式工业风格起源于19世纪末的欧洲，那个年代的美式工业风不仅提倡质地轻巧、不易生锈的家具，而且提倡实用、价廉。美式工业风的特征是家具饰品多为金属结合物，还有焊接点、铆钉这些公然暴露在外的结构组件，在设计上又融进了更多装饰性的曲线。如图2-44所示，工业风格酒吧的设计，主要是应用旧木与黑钢的材

图 2-40 西班牙传统风格

图 2-41 伊斯兰风格

图 2-42 美式古典风格

图 2-43 美式现代风格

图 2-44 Boroda Bar 美式工业风格酒吧

室内设计新诉求
——软装饰设计与案例欣赏

质对比散发的工业气息，坐感舒适的皮制沙发，随处可见的涂鸦，瞬间打动了人们。张扬不羁的个性、感官刺激享受，优美别致的意境，舒适激情的放松，这样的氛围下，人们不由得舒展疲惫的神经。

七、法式现代风格

法式现代风格既拥有法式的浪漫基调，又具有现代简约的特点，家具造型独特，注重曲线美，具有法式特征（图2-45）。

八、自然风格

自然的力量贯穿古今，让人类在不断开拓疆土的同时对自然元素充满向往，希望在自然环境中得到平静与安宁。在表现自然风格时，一般选择让人感到安宁的自然元素，如木材、棉、皮革、砖、岩石等，形成空间内独特的风格。例如，打造一个可以充分享受崎岖感的、由自然岩石组成的原始墙壁，会让人有身在户外的感觉。我们通常所说的田园风格、乡村风格，也属于自然风格，如托斯卡纳风格。托斯卡纳风格是典型的意大利乡村风格，简朴而优雅（图2-46）。

九、后现代风格

后现代主义室内设计理念完全抛弃了现代主义的严肃与简朴，往往具有一种历史隐喻性，充满大量的装饰细节，刻意制造出一种

图 2-45

图 2-46

室内设计新诉求
——软装饰设计与案例欣赏

含混不清、令人迷惑的情绪，强调与空间的联系，使用非传统的色彩，它所具有的矛盾性常使人产生厌倦，而这种厌倦正是后现代主义对过去 50 年的现代主义的典型心态。

后现代主义不仅强调形态的隐喻、符号和文化、历史的装饰主义，还主张新旧融合、兼容并蓄的折中主义立场（图 2-47、图 2-48）。

十、LOFT 风格

LOFT 风格是近现代比较流行的装修风格之一。"LOFT"的字面意义是仓库、阁楼的意思，但是当这个词在二十世纪后期逐渐变得时髦而且演化成为一种时尚的居住与生活方式时，其内涵已经远远超出了这个词的最初含义。因此，大体可以将其理解成开放、前卫，甚至是钢筋水泥（图 2-49、图 2-50）。

十一、混搭风格

近些年来，室内设计在总体上呈现多元化、兼容并蓄的状况，室内布置也趋于既多样化，又在装潢与陈设中融古、今、中、西于一体，如传统的中式屏风摆设配以现代风格沙发及墙面；欧式古典家具配以东方传统陈设、小品等，混搭风格逐渐多见。

混搭是一种实现个性化装修的手段，通过包罗万象的视觉元素的混合使用，碰撞出新的灵感火花，营造出具有崭新生命力的空间

图 2-47

图 2-48

室内设计新诉求
——软装饰设计与案例欣赏

图 2-49

图 2-50

形象，适用于任何风格。混搭不是简单地把各种风格的元素堆砌在一起做加法，而是把它们有主有次地组合在一起。混搭是否成功，关键要看是否和谐，最简单的方法是确定家具的主风格，用配饰、家纺等来搭配。

混搭设计的成功关键在于确定基调，以某种风格为主线，其他风格作为点缀，有主有次，最终达到环境营造的和谐感。在色彩的选用上不可以太多，以一两个基本色为主。配饰等陈设品也不可以过杂，可选用相同色调、不同材质的物品。混搭风格虽然在设计中不拘一格，可运用多种体例，但设计中仍然需要匠心独具，深入推敲形体、色彩、材质等方面的总体构图和视觉效果，做到统一处理（图2-51）。

图 2-51

室内软装饰设计之家具、灯饰、陈设品

第一节 概述

室内陈设品作为可移动的装修，更能体现主人的品味，是营造家居氛围的点睛之笔。它打破了传统装修行业的界限，将工艺品、灯具、家具等陈设品重新组合，形成了一个新的理念——整体陈设。

一、室内陈设品的作用

1、烘托室内气氛

室内空间风格的形成由诸多因素构成的，而陈设品是其中的重要因素之一，如字画、陶瓷制品等与传统样式的家具相组合，能够创造出一种古朴、典雅的文化气氛，在空间中也能够起到视觉吸引作用。如果缺少装饰品，室内将会缺乏生气，如图3-1所示。

陈设品营造氛围、意境的原则应以大统一、小变化为要求，协调统一是营造氛围的一种手法，而变化中求统一也是一种手法，但有一点要强调，如果采用对比的手法，则陈设品的体量不宜大，如

图 3-2 所示。否则容易产生杂乱、无章法的感受。

2、展现空间内涵

室内陈设品以其特有的制作工艺、造型、材质、色彩等给人带来视觉享受，同时，陈设品还具有引发人们联想的意义。例如，当人们站在一件唐三彩或漆器前，总会油然而生出一种强烈的历史崇敬感。一般的室内空间应达到舒适、美观的效果，而有特殊要求的空间则应具有一定的内涵，如纪念性建筑室内空间、传统建筑室内空间等。

古人墙上挂琴，桌上置琴，雅聚时不辞辛苦背琴，而不见得会弹。《晋书·陶潜传》记载：性不解音，而畜素琴一张，弦徽不具，每朋酒之会，则而和之，曰："但识琴中趣，何劳弦上声！"可见，古人置琴不弹，抚而和之，是一种自我排遣和沉醉，凸现了一种风范、一种境界。这种超凡的心态，是精神自由、生活自然的美好写照。因此，琴也就成为室内装饰中上佳的装饰陈设品之一。

在现代空间中，陈设具有现代感的艺术品可使空间趋于温馨与柔和。陶艺的造型简洁、质朴，配以朴素的杉木底板，使其具有了艺术特质，表现了空间的特性，如图 3-3 所示。

3、强化空间风格

因为陈设品本身的造型、色彩、图案、质感均具有一定的风格特征，所以陈设品的合理选择会对室内环境风格起到强化的作用，

图 3-1

图 3-2

图 3-3

如图 3-4 所示。

4、柔化空间形态

现代住宅空间大都是由混凝土、玻璃、陶瓷、人造板材等材料构成，这些材料表现出的生硬、冰冷的质感与造型使得空间显得坚硬、锐利。而丰富多彩的家居配饰品可以明显地柔化空间，给家居空间带来了一派生机，如图 3-5 所示。

二、室内陈设品的陈设方式

1、墙面陈设

墙面陈设一般以平面化艺术品为主，如书、画、摄影、浅浮雕等；常见的还有将立体陈设品放在壁龛中，如佛像、财神像等，并配以灯光照明；还可在墙面设置悬挑轻型搁架以存放陈设品。墙面陈设应和家具发生对应关系，可以采用中规中矩的形式，也可以是较为自由活泼的形式，还可以采取垂直或水平伸展的构图，以形成完整的视觉效果。墙面和陈设品之间的大小和比例关系是十分重要的，应留出适当的空白墙面，以使视觉获得休息的机会，如图 3-6、图 3-7 所示。

2、台面陈设

台面陈设可以采取多种不同的形式，如利用书桌、餐桌、茶几以及略低于桌高的靠墙或沿墙布置的储藏柜和组合柜进行陈设等。

室内设计新诉求
——软装饰设计与案例欣赏

图 3-4

图 3-5

图 3-6

图 3-7

台面摆设一般选择小巧精致、宜于近处欣赏的制品，并可根据兴趣灵活更换，如图3-8、图3-9所示。台面上的许多用品常与家具配套购置，选用与台面协调的物品常能起到画龙点睛的作用，如客厅的沙发、茶几、茶具、花盆等，应尽量统一选购。

3、地面陈设

大型的装饰品，如雕塑、瓷瓶等，常落地布置在大厅中央，成为视觉的中心，也可放置在厅室的角隅、墙边或出入口旁、走道尽头等位置，作为重点装饰，或起到视觉上的引导作用和对景作用，如图3-10所示。大型地面陈设不应妨碍工作和交通路线的通畅。

4、柜架陈设

数量大、品种多、形式多样的小陈设品，最宜采用分格分层的搁板、博古架，或特制的装饰柜架进行陈列展示，这样可以达到多而不繁、杂而不乱的效果。布置整齐的书橱书架，可以组成色彩丰富的图案效果，起到很好的装饰作用，如图3-11所示。壁式博古架，应根据陈设品的特点，在色彩、质地上起到良好的衬托作用。

5、悬挂陈设

空间高大的厅堂，常采用悬挂各种装饰品，如抽象金属雕塑、吊灯等，弥补空间空旷的不足，如图3-12所示。居室也常利用角隅悬挂灯具、绿化植物或其他装饰品，既不占面积，又装饰了枯燥的墙边角隅。

图 3-8 图 3-9

图 3-10 首尔文化空间 Near My

图 3-11

图 3-12

第三章
室内软装饰设计之家具、灯饰、陈设品

第二节 室内家具的创意设计与表现技法

家具起源于人的生活需求，是人类几千年文化的结晶。人类经过漫长的实践，使家具不断更新、演变，在材料、工艺、结构、造型、色彩和风格上家具都在不断完善。形形色色、变化万千的家具为室内软装饰设计师提供了更多的设计灵感和素材。

一、家具的分类

家具按使用功能可分为坐卧性家具、储存性家具、凭椅性家具、装饰性家具四类。

① 坐卧性家具。主要为人的休息所用，并直接与人体接触，起到支撑人体的作用，包括椅子、凳子、沙发、床等。

② 储存性家具。主要用来储藏物品、分隔空间，包括柜、橱、架等。

③ 凭椅性家具。主要有几、案、桌等。

④ 装饰性家具。主要以装饰功能为主，如屏风、隔断等。

家具按材质可分为木质材料家具和非木质材料家具。

1、木质材料家具

1）实木家具

木质材料作为家具材料的历史相当悠久，质轻，强度高，易于加工，而且其天然的纹理和色泽具有很高的观赏价值和良好的手感，是理想的家具生产材料（图3-13）。

2）人造板材家具

具有幅面大、变形小、表面平整、质地均匀和强度高的特点，改善了木材的不足之处，成为家具制作的重要材料。人造板材常用的有薄木、单板、胶合板、刨花板、纤维板等（图3-14）。

2、非木质材料家具

1）金属家具

金属家具（图3-15）具有造型美观、结构简单、坚固耐用的优点。金属家具使用的材料有钢材和轻金属材料。

2）塑料家具

相对于木材和金属而言，塑料是一种新型的人工合成材料，具有耐化学腐蚀、质轻、绝缘、易加工、易着色、可回收、价格便宜且运输方便等优良特性，越来越多地被应用于家具设计领域（图3-16）。塑料的缺点在于易燃烧以及对于石油的消耗。

3）藤竹家具

藤材干燥后具有坚韧的特性，通过缠扎编织等工艺可加工成家具的靠背、座面等。竹子作为家具制作的传统材料，具有质地坚硬，抗拉抗压，韧性、弹性高于木材的特性（图3-17）。

4）软体材料家具

软体材料以泡沫塑料成型、充气成型或以其他填充物构成的具有柔软舒适性能的家具材料，主要应用在与人体直接接触的沙发、座垫、床榻等家具中，使之合乎人体尺度并增加其舒适度（图3-18）。

5）玻璃家具

玻璃的主要成分为二氧化硅，是一种透明的人工材料，可做雕刻、磨砂、涂饰、镜面等工艺加工。现代家具设计更多地将玻璃与木材、金属结合使用，以增强家具的观赏价值（图3-19）。

二、家具的作用

1、明确功能，识别空间

建筑室内空间基本上都是以矩形为主的几何形态，因此一间毛坯房的功能属性是难以界定的；只有摆上了家具，空间才具有功能的识别性，同时也才具有实际效率。因此，可以这样说，家具是空间实用性质的直接表达者，家具的组织和布置也是空间组织使用的直接体现，是对室内空间组织、使用的再创造。良好的家具设计和

图 3-13　　　　　　　　　　　　　　图 3-14

图 3-15

图 3-16　　　　　　　　　　　　　　图 3-17

图 3-18　　　　　　　　　　　　　　图 3-19

布置形式，能充分反映使用的目的、规格、等级、地位以及个人特性等，从而使空间赋予一定的品格（图3-20）。

2、利用空间，组织空间

在室内空间中，许多空间的界定是非常模糊的，尤其是对于开敞的办公空间、酒店的大堂、专卖店的销售空间。利用家具来分隔空间是室内设计中一个主要内容，在许多设计中得到了广泛的利用，如在大型公共办公室中用家具分隔出具有相对独立性的子空间；在居住空间中，常用成组的沙发来界定客厅空间，而用餐桌椅来分隔餐厅与过道；在商场、超市利用货柜、陈列架来划分不同性质的营业区等。因此，应该把室内空间分隔和家具结合起来考虑，在可能的条件下，通过家具分隔可减少墙体的面积，减轻自重，提高空间实用率，并在一定的条件下，还可以通过家具布置的灵活变化达到适应不同的功能要求的目的（图3-21）。

3、建立情调，创造氛围

家具在室内空间中体量突出、比重大，因此家具就成为室内空间表现的重要角色。在软装饰设计中，家具无疑是建立情调、创造氛围的重要元素。室内空间常需要通过软装表达一种思想、一种风格、一种情调，或造成一种氛围，以适应某种要求和目的，因而市场上

图 3-20

图 3-21

的家具也有各种类型供选择，如高雅古典的仿古家具、回归自然的乡土家具、简约抽象的现代家具等。如居室中大面积的白色柜式家具与玫瑰色的沙发组合，就会使人产生浪漫的情怀；金属家具与酒吧空间环境中的摇滚音乐会带来强烈的现代感。总之，家具在室内环境和情调的创造中担任着重要的角色（图 3-22）。

4、视觉焦点

成为视觉焦点的家具陈设，往往是那些极具装饰性、艺术性、地方性的单品家具和现代设计师们设计的革新的、独特的家具（图 3-23）。它们以历史的沉淀、造型的优美、色彩的斑斓等容易成为室内环境中的视觉焦点，在室内环境中往往被放在视觉的中心点上，如住宅的玄关入口处、办公室的接待处、专卖店的中心位置等。

三、家具布置的一些原则

1、位置合理，功能相连

室内空间的位置环境各不相同，在位置上有靠近出入口的地带、室内中心地带、沿墙地带或靠窗地带等区别，各个位置的环境如采光效率、交通影响、室外景观各不相同。应结合使用要求，使不同家具的位置在室内各得其所，例如卧室床位一般布置在暗处，休息座位靠窗布置；在餐厅中常选择室外景观好的靠窗位置布置餐桌；

图 3-22

图 3-23

客房套间沙发等会客家具布置在人口的部位，卧具则在室内的后部等。

在功能上，每套家具均需具有睡、坐、摆、写、储等基本功能。在布置这些家具时，应将功能上有联系的家具布置在一起，以保证使用方便。书桌与书柜、沙发与茶几、餐桌与餐椅等应分别布置在一起。

2、节约空间，经济实用

建筑设计中的一个重要的问题就是经济问题，作为商品建筑就要重视它的使用价值。一个电影院能容纳多少观众，一个餐厅能安排多少餐桌，一个商店能布置多少营业柜台，这对经营者来说不是一个小问题。合理压缩非生产性面积，充分利用使用面积，减少或消灭不必要的浪费面积，对家具布置提出了相当严峻甚至苛刻的要求，应该把它看作是杜绝浪费、提倡节约的一件好事。当然也不能走向极端，成为唯经济论的错误方向。在重视社会效益、环境效益的基础上，精打细算，充分发挥单位面积的使用价值，无疑是十分重要的。特别对大量性建筑来说，如居住建筑，充分利用空间应该作为评判设计质量优劣的一个重要指标。

3、丰富空间，改善空间

空间是否完善，只有当家具布置以后才能真实地体现出来，如果在未布置家具前，原来的空间有过大、过小、过长、过狭等都可以成为某种缺陷的感觉。但经过家具布置后，可能会改变原来的面貌而恰到好处。因此，家具不但丰富了空间内涵，而且常是借以改善空间、弥补空间不足的一个重要因素，应根据家具的不同体量大小、高低，结合空间给予合理的、相适应的位置，对空间进行再创造，使空间在视觉上达到良好的效果。

4、整体配套风格统一

当居住者装饰装修完自己的房间以后，考虑的一个主要问题就是选择一套什么风格、材质、色彩的家具，如果选择配置的家具造型新颖、色彩悦目、用料考究、功能齐全，无疑会使室内空间锦上添花，否则会造成室内杂乱无章，没有风格而遗憾终生。因此，在造型上，要求每件家具的主要特征和工艺处理一致。比如，一套家具的腿的造型必须一致，不能有的是虎爪腿，有的是方柱腿，有的是圆形腿，这样，整个风格就会显示得十分不协调。同时，家具的细部最好都呈现一致的造型，如抽屉和橱门的拉手等。

最后，家具最好配套，以达到家具的大小、颜色、风格和谐统一，以及线条的优美、造型的美观。家具与其他设备及装饰物也应风格统一，有机地结合在一起。

第三节 室内灯饰设计的搭配技巧

一、灯具的分类

灯具按造型可以分为吊灯、壁灯、落地灯、台灯、吸顶灯、筒灯、射灯等。灯具的不同造型是由其使用环境和功能决定的，灯具本身的造型要和整体风格相搭配，通过光源的发光来照亮灯饰本身和周围环境，达到照明和装饰效果。

1、吊灯

吊灯一般悬挂在天花板，是最常用的照明工具，有直接、间接、向下照射及均匀散光等多种灯型。吊灯的大小与房间大小、层高相关，层高太低的空间不适合用吊灯，吊灯的最低点离地面高度应不小于2.2米。吊灯在安装时一般离天花板0.5～1米，复式楼梯间或酒店大堂的大吊灯，可按照实际情况调节其高度。

吊灯的样式繁多，常用的有中式吊灯（图3-24）、现代吊灯（图3-25）、欧式吊灯（图3-26）、东南亚风格的吊灯（图3-27）等。

图 3-24

图 3-25

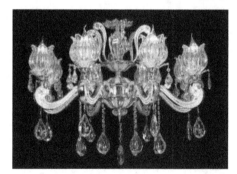

图 3-26

图 3-27

其材质也是多种多样,有水晶吊灯、羊皮吊灯、玻璃吊灯、陶瓷吊灯等。

2、壁灯

壁灯（图3-28）是直接安装在墙面的灯具，在室内一般用于辅助照明。壁灯一般光线淡雅和谐，可以起到点缀环境的作用。壁灯一般有床头壁灯、过道壁灯、镜前壁灯和阳台壁灯。床头壁灯一般安装在床头两侧的上方，一般可根据需要调节光线。过道壁灯通常安装在过道侧的墙壁上，照亮壁画或一些家具饰品。镜前壁灯安装在洗手台镜子附近。阳台壁灯则安装在阳台墙面上，起到照明的作用。壁灯的高度应略超过视平线，一般以离地1.8米左右为宜。壁灯除了照明之外，还具有渲染气氛的艺术感染力。

3、吸顶灯

吸顶灯（图3-29）是直接安装在天花板上的灯具，也是室内的主题照明设备。如果房屋层高较低，则比较适合用吸顶灯，办公室、文娱场所等常使用这类灯。吸顶灯主要有向下投射灯、散光灯、全面照明灯等几种。选择吸顶灯时，应根据使用要求、天花构造和审美要求来考虑其造型、布局组合方式、结构形式和使用材料等，尺度大小要与室内空间相适应，结构上要安全可靠。

4、台灯

台灯（图3-30、图3-31）是人们生活中用来照明的一种常用电器。它的功能是把灯光集中在一小块区域内，便于工作和学习，有时也

图 3-28

图 3-29

图 3-30 君子·胡桃台灯（胡佑宗）

图 3-31 Aroma 香氛灯（陈华亮）

起到装饰、营造氛围等作用。

5、落地灯

落地灯（图 3-32、图 3-33）是指放在地面上的灯具，一般多存放于客厅、休息区域等，与沙发、茶几配合使用，以满足房间局部照明和渲染环境的需要。

6、射灯与筒灯

射灯与筒灯都是营造特殊氛围的聚光类灯具，通常用于突出重点，能够丰富层次、创造浓郁的气氛及缤纷多彩的艺术效果。射灯（图 3-34）是一种高度聚光的灯具，主要用于特殊的照明，比如强调某个比较有新意或具有装饰效果的地方。筒灯（图 3-35）一般用于普通照明或辅助照明，如家里客厅吊顶处、过道处等都可以装一些筒灯作为辅助照明。

二、灯具的功能与作用

1、划分区域

同一个室内空间有时需要分出两个以上不同的功能区，利用灯具的布置和灯光的处理是划分区域的有效手段之一（图 3-36）。

2、强化重点

室内空间中常有许多需要构成视觉中心的区域和物体，大到酒店的总服务台、商场的陈列柜，小到墙上的装饰画等，都需要强化

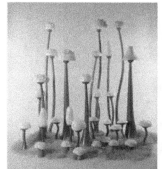

图 3-32　重生·蘑菇灯（石国凤）　　　　　　　　　　　图 3-33　forest（nacho carbonell）

图 3-34

图 3-35

其在空间的感知度 (图 3-37)。

3、表现风格

装饰灯具外观的艺术造型可反映出不同国家、民族、地区的特殊风格。例如，中式木制宫灯表现中国传统风格，和式灯具表现日本民族的鲜明特点 (图 3-38)。

4、渲染气氛

灯具的照度、光色可以渲染环境的气氛。灯具形成的光影对比、光色对比、强弱对比等，可形成空间的多层次或物件的立体形象，增加视觉上的丰富感 (图 3-39)。

三、灯具的陈设范围与方法

① 按照空间功能布置适宜的照明亮度。

② 光源组织应以区域照明、重点照明和装饰照明相结合。

以客厅和餐厅为例：客厅需要多种灯光充分配合，首先就客厅的整体布局来说，面积较大，应选择大一些的多头吊灯，而高度较低、面积较小的客厅，则选择吸顶灯；其次，吊灯四周或家具上部需要重点照明，局部使用射灯能营造独特环境，达到重点突出，层次丰富的艺术效果。餐厅的局部照明首先要采用悬挂灯具做区域划分，同时还要设置装饰照明，使用柔和的黄色光，可以使餐桌上的菜肴看起来更美味，增添餐饮环境的气氛和情调。

图 3-36

图 3-37

图 3-38

图 3-39

第三章
室内软装饰设计之家具、灯饰、陈设品

③ 灯具种类要兼顾直接照明、间接照明和漫射照明多种形式。

四、灯饰照明的设计原则

1、功能性原则

灯饰是给室内提供照明以满足人们对亮度的需求。选择和布置灯饰时，首先应考虑其使用功能。不同功能空间对布灯要求不同：办公空间、图书馆、教室或书房，需要提供为阅读、绘图、研究信息等提供足够的照度，灯饰造型不宜过于复杂，且应亮度充足；商场、酒店大堂、会所等，除了足够的照度，也注重氛围的营造，灯饰本身雍容华贵，光影层次丰富，富于变化；卧室、咖啡馆等为人们放松、休息使用，光线要求柔和。

2、美观性原则

一方面，灯饰本身具很强的装饰性，其造型十分考究，往往成为整个室内空间中的亮点；另一方面，通过灯光的明暗、隐现、抑扬、强弱等有节奏的控制，可创造出或温馨或浪漫或欢快或神秘的情调氛围，为人们的生活环境增添丰富多彩的情调。

3、经济性原则

设计师应考虑充分利用太阳光，提供有利于天然采光的室内环境，不要一味追求豪华，应本着经济实用的原则选择符合空间功能性质的灯饰。

除此之外，选择灯具时还要注意其安全性能。

五、灯饰照明的设计方法

1、主次有序

照明布局方式主要有基础照明、重点照明、装饰照明三种。基础照明为房间提供整体均匀的照明，减少房间黑暗角落，多是用吊灯或吸顶灯装在房间的中心位置。重点照明是对某些需要突出的区域和对象进行重点投光，使这些区域的光照度大于其他区域，起到醒目或满足工作照明照度的作用，可设置壁灯、台灯、落地灯等。装饰照明，对室内进行装饰照明，增强空间的变化和层次感，制造某种环境气氛。这三种照明方式中基础照明必不可少，其他两种方式可选择使用。在三者同时出现时应以基础照明为背景环境，满足整体的照度；重点照明是主角，起强调的作用，不可过多；装饰照明处于次要地位，既不要过分影响基础照明的照度和色调，也不可过于花哨而影响重点照明的突出性。

灯饰本身的搭配也应注意主次关系。因为室内灯饰是依托室内整体空间和室内家具而存在的，室内空间中各界面的处理效果，室内家具的大小、样式和色彩，都对室内灯饰的搭配产生影响。有些空间如酒店中庭、复式楼的挑高客厅灯，大型灯具可以作为视觉中心而存在，可以选择体量更大、光泽感更绚丽的吊灯；有些空间如走廊、卧室等，灯具本身一般处于空间的从属地位，灯饰宜造型简洁且大小合适（图3-40、图3-41）。

2、布置合理

在一个场所内，需要考虑工作人员在任何地方进行工作的可能性，各点照度差别不能过大。一般不低于或高于平均照度的1/6就属于允许范围。从节能方面考虑，均匀度可以有所降低，工厂车间内工作面与通道的照度之比可以为3:1或4:1，住宅为10:1等，加强工作面照明、减少辅助部分的照明以节约能耗。

灯具的布置要根据房间内的家具、床位的摆设，工作环境设备的分布情况，建筑、结构形式和视觉工作特点等条件来进行。要求照度分布均匀的，灯具间隔和行距都保持一定的均匀布灯；要求有局部足够照度，可以选择性布灯，将灯具集中布置在照度要求高的位置。灯具离墙也不能太远，一般要求灯具到墙的距离为灯具间距的1/2。灯具的间距比分配是否合理，也会影响到合理布光的质量标准，一般在灯具相同情况下灯具之间的间距越大，亮度越小。相反，灯具间距过小，将会浪费能源。灯具的悬挂高度对空间的布光质量影响很密切，在照度相同情况下，会由于灯具的位置或悬挂高度的变化而影响到亮度质量（图3-42）。

3、氛围适宜

室内灯饰搭配时还应充分考虑灯饰材质、布置方式、色彩等对

图 3-40

图 3-41

图 3-42

室内空间效果造成的影响（图3-43、图3-44）。带金属装饰件、玻璃装饰件的吊灯可增加空间富丽堂皇的氛围；大红灯笼高高挂可烘托传统的喜庆氛围；障子纸制作的和式灯具，可以使室内呈现出一种朦胧的环境氛围，让人们在这里抒发禅意、感悟人生……在方正的室内空间中选择圆形或者曲线形的灯饰，可以使空间更具动感和活力；在较大的宴会空间，可以利用连排的、成组的吊灯，形成强烈的视觉冲击，增强空间的节奏感和韵律感。

4、风格协调

室内灯饰在空间中虽然体量不大，但作为光的来源引人关注，对室内风格影响很大；尤其是某些吊灯、壁灯，造型突出，往往成为室内风格的主导。因此，选择灯饰时必须了解灯饰风格的类型，使之与室内整体风格相一致。

现代风格的装饰简洁明快、个性鲜明、造型独特、讲求独树一帜，适合搭配造型简约、时尚的灯具，这类灯具材质常采用具有金属质感的铝材、不锈钢或玻璃，色彩丰富。追求华丽的欧式风格在选择灯饰时也应配之以具有曲线优美、复杂造型、色彩浓烈、装饰华丽，具有西方宫廷奢华风格的灯饰，以达到雍容华贵的装饰效果。田园风格的室内灯饰提倡"回归自然"的理念，美学上推崇"自然美"，力求表现出悠闲、舒畅、自然的田园生活情趣。中式风格的室内灯饰造型工整，色彩稳重，多以镂空雕刻的木材为主要材料，营造出

图 3-43

图 3-44

室内温馨、柔和、庄重和典雅的氛围。（图 3-45 ）。

六、灯光与色彩的搭配

1、渲染氛围

灯光应根据环境和色彩的需求来进行选择，如用餐的场所应使用暖色光源以增加食欲（图 3-46），婚礼场所可以用玫粉色的光源来烘托浪漫的气氛，娱乐场所则可以选择比较冷艳的色彩（图 3-47）。此外，还可以通过灯具的造型来改变环境。

2、与环境协调

灯光需要与环境和谐，一般居室不能用过于花哨的光线，如蓝色、绿色等一些刺激性色调容易产生紊乱、繁杂的感觉，严重时会导致疲和神经紧张。灯光颜色要与房间大小、墙面色彩等相协调（图 3-48 ）。

图 3-45

图 3-46

室内设计新诉求
——软装饰设计与案例欣赏

图 3-47

图 3-48

第四节 室内陈设品的陈设与搭配

室内陈设是室内环境设计中十分重要的构成要素，可增强内涵、烘托气氛，体现室内环境的个性风格，对室内空间环境状况进行柔化与调节，陶冶人们的品性与情操。它们通过特有的色彩、材质、造型、工艺给人们带来丰富的视野享受。它是室内空间鲜活的因子，它的存在使室内空间变得充实和美观，渗透出浓厚的室内文化氛围，使我们生活的环境更富有人性的魅力，生活更加丰富多彩。

一、陈设品的类型

室内的陈设品分为实用工艺品和欣赏工艺品两类，搪瓷制品、塑料品、竹编、陶瓷壶等属于实用工艺品；挂毯、挂盘、各种工艺装饰品、牙雕、木雕、布挂、蜡染、唐三彩、石雕等属于装饰工艺品。而餐具、茶具、酒具、花瓶、咖啡具等可以是实用、装饰两者兼而有之。

二、陈设布置的原则

1、满足功能要求，协调完整统一

室内陈设布置的根本目的，是为了满足人们的物质生活及精神需求的功能上。这种生活需求体现在居住和工作、学习和休息、办公、读书写字、会客交往、用餐以及娱乐诸多方面。

围绕这一原则，而对陈设工艺品类型的色彩、材质、造型、工艺手法等就必须做出合理性的选择。尽量使陈设工艺品布置时与室内环境中的基调协调一致、完整统一，才能创造出一个实用、舒适的室内环境。

2、陈设疏密有致，装饰效果适当

在布置陈设工艺品时，一定要注意构图章法，要考虑陈设工艺品与家具的关系以及它与室内空间宽窄、大小的比例关系。室内陈设工艺品要在平面布局上格局均衡、疏密相间，在立面布置上要有高低错落对比，有照应，切忌堆积一起，不分空间层次。装饰是为了满足人们的精神享受和审美要求，如何布置，都要细心推敲。如某一部分色彩平淡，可以放一个色彩鲜艳的装饰品，这一部分就可以丰富起来。现在，国外的家庭室内常以装饰性较强、很抽象的几何图形布置，甚至摆设也都是几何形体、简朴的工艺品，或者带有古朴韵味的古典刀、兽皮等，使室内具有简朴的风格。

3、色调协调统一，有对比变化

对室内陈设的一切器物的色彩搭配都要在协调统一的原则下进行选择。器物色彩应与室内装饰的整体色彩协调一致，色调的统一是主要的，对比变化是次要的。色彩美是在统一中求变化，又在变化中求统一的和谐。室内布置的总体效果与所陈设器物和布置手法密切相关，也与器物的造型、特点、尺寸和色彩有关。只有注意了陈设器物与室内整体色调的关系，才能增强艺术效果。

4、选择好角度，便于欣赏

在观赏陈设工艺品时，也要考虑其角度与欣赏位置。工艺品所放的位置，要尽可能使观赏者不用踮脚、哈腰或屈膝来观赏，而其摆放的角度和位置高低等都要适合于人的观赏。因此，在室内陈设一件装饰工艺品时，不能随意乱摆乱挂，既要选择工艺品自身的造型、色彩，又要考虑到它的形状大小、位置高低，与周围环境的角度照应以及摆放的疏密关系等。

总之，室内陈设工艺品的布置要遵照少而精、宁缺毋滥、豪华适度的原则，不要把陈设工艺品放得太满，挂得太乱，这样会给人一种不舒适之感。

三、室内陈设的方法

室内陈设的方法同样要遵循艺术设计的规律，在进行陈设设计过程中，主要体现在创新创意、和谐对比、均衡对称、呼应有序、空间层次、节奏韵律等方面。

1、创新创意

从室内整体设计效果出发，突破一般规律，提倡创新创意理念，有突破性，有个性，通过创新反映独特的创意效果。

2、和谐与对比

和谐含有协调之意，陈设的选择在满足功能的前提下要和室内环境和多个物体相协调，形成一个整体。和谐涉及陈设品种、造型、规格、材质、色调的选择。和谐的陈设会给人们心理和生理上带来宁静、平和、温情等感受。而对比就是通过材质粗细、大小、繁简、曲直、深浅、古今、中外突出陈设的个性，将不同的物体的经过选择，使其既对立又协调，既矛盾又统一，使其在强烈的反差中获得鲜明形象中的互补来满足效果。对比有明快、鲜明、活泼等特性，与和谐配合使用产生理想的装饰效果。

3、均衡对称

均衡、对称是生活中从力的均衡上给人以稳定的视觉艺术，使人们获得视觉均衡的心理感受。在室内陈设选择中均衡是指在室内空间布局上，各种陈设的形、色、光、质保持等同或近似的量与数，使这种感觉保持一种安定状态时就会产生均衡的效果。

对称分为上下左右以及同形、同色、同质的绝对对称，以及同形不同质、同质不同色等的相对对称。对称不同于均衡的是，它能产生一定的形式美。在室内陈设选择中经常采用对称，如家具的排列、墙面艺术品、灯饰等都常采用对称的排列形式，使人们感受到有序、庄重、整齐、和谐之美。

4、呼应有序

有序是一切美感的根本，是反复、韵律、渐次和谐的基础，也是比例、平衡对比的根源，组织有规律的陈设品能产生井然有序的美感。呼应属于均衡的一种形式表现，它包括形与形之间的呼应，色与色之间的呼应等。在陈设的布局中，陈设品之间和陈设品与天花、墙、地以及家具之间等相呼应，同样能达到一定的变化和统一的艺术效果。

5、空间层次

陈设设计要追求空间的层次感，如陈设品的色彩从冷到暖，明度从暗到亮，造型从小到大、从方到圆，质地从粗到细，种类从单一到多样，形式从虚到实等都可以形成富有层次与空间的变化，通过层次变化，丰富陈设效果。

6、节奏韵律

节奏就是有条理性的重复，它具有情感需求的表现。在同一个单纯造型的陈设品进行连续排列布置时，所产生的效果往往形成一般化，但是加以适当的长短、粗细、直斜、色彩等方面的变化，就会产生节奏感，而多个节奏变化组合就会形成韵律。陈设布置利用这一规律会极大地丰富其艺术效果。

室内软装饰设计之花艺、画品

室内设计新诉求
——软装饰设计与案例欣赏

第一节 花艺装饰

随着生活水平的日渐提高，人们对空间的审美情趣也发生了改变，本章主要从花艺和画品两个方面进行阐述。花艺是装点生活的艺术，其讲究与周围环境的协调融合。软装设计师需要将花草、植物搭配起来，创造出一幅幅艺术场景。画品能够结合空间风格，营造出各种符合人们情感的环境氛围。

一、花品的分类

1、按材质分类

花品按材质可分为鲜花、仿真花和干花三类。

1）鲜花

① 特点。自然、鲜活，具有无与伦比的感染力和造物之美，受季节、地域的限制，如图 4-1 所示

② 适合场所。家庭、酒店、餐厅、展厅等。

2）仿真花

① 特点。造型多变，花材品种不受季节和地域的影响，品质高低不同，如图 4-2 所示。

② 适合场合。家庭、酒店、餐厅、展厅、橱窗等。

③ 适合风格。适合各种装饰风格。

3）干花

① 特点。风格独特，花材品种和造型有很大局限，如图 4-3 所示。

② 适合场合。家庭、展厅、橱窗等。

③ 适合风格。特别适合田园、绿色环保、自然质朴等风格。

④ 风格。崇尚自然，朴实秀雅，富含深刻的寓意。

2、按地域分类

花品按地域不同可分为中国古典花艺和西式花艺。

1）中国古典花艺

中国古典花艺的特点是：强调反映时光的推移和人们内心的情感，其所要呈现的是一件美的事物，同时也是一个表达的方式和修养提升的方式，如图 4-4 所示。

2）西式花艺

西式花艺讲究造型对称、比例均衡，以丰富而和谐的配色，达到独具艺术魅力和优美装饰效果。

图 4-1

图 4-2

图 4-3

西式花艺用花数量比较大，有花木繁盛之感，形式注重几何构图，比较多的是讲究对称型的插法，花色相配，一件作品几个颜色，每个颜色组合一起，形成各个彩色的块而，将各式花混插在一起，创造五彩缤纷的效果，如图4-5所示。

西式花艺注重色彩的渲染，强调装饰得丰茂，布置形式多为各种几何形体，表现为人工的艺术美和图案美，与西式建筑艺术有相似之处。欧美人性情奔放而热烈，喜欢一些能够直接表露的东西，法国人素来是浪漫的，所以他们的插花是抽象的，以印象派来表现他们的民族性。

3、按造型分类

花品按造型不同可以分为焦点花、线条花和填充花。

1）焦点花

作为设计中最引人注目的鲜花，焦点花一般插在造型的中心位置，是视线集中的地方，如图4-6所示。

2）线条花

线是造型中最基本的因素之一，线条花的功能是确定造型的形状、方向和大小，一般选用穗状或挺拔的花或枝条，如图4-7所示。

3）填充花

西式插花的传统风格是大块状几何图形组合，其间很少空隙。要使线条花与焦点花和谐地融成一体，必须用填充花来过渡，如图4-8

图 4-4

图 4-5

图 4-7

图 4-6   图 4-8

所示。

二、家庭花艺装饰

1、家庭花艺的主要功能

1）柔化空间，增添生气

树木绿植的自然生机和花卉千娇百媚的姿态，可柔化金属、玻璃、混凝土等构成的硬质空间，给室内注入勃勃生机，更富有生命的气息，如图 4-9 所示。

2）组织空间，引导空间

植物在空间中还可以起到分隔、沟通的作用，也可以填充空间界面。通过植物来组织空间不仅具有很好的视觉效果，同时也可避免硬质材料的生硬感，使空间过渡更自然，如图 4-10 所示。

3）抒发情感、营造氛围

由于植物被人们赋予了多种意义，因此也可以作为抒发情感的符号。如：以兰花、文竹等为主题的绿植，可营造雅致的室内气氛，表现主人格调高雅、超凡脱俗的性格；以牡丹等颜色鲜艳的绿植为主题的空间，可显得雍容大气，如图 4-11 所示。

4）美化环境，陶冶性情

植物经过光合作用后可以吸收二氧化碳，释放出氧气，在室内合理摆设，能营造出仿佛置身于大自然之中的感觉，可以起到放松

图 4-9

图 4-10

图 4-11

精神、缓解生活压力、调节家庭氛围、维系心理健康的作用,如图4-12
所示。

2、花式风格搭配与应用

搭配花艺时,使用的花不求繁多,一般只用两至三种花色,简
洁明快。同时利用容器色调和枝叶来做衬托。花色可以挑选纺织品、
配饰、墙面上的有的颜色,也可以根据品牌内涵特点来挑选。

1)单色组合

选用一种花色构图,可用同一明度的单色相配,也可用不同明
度(浓、淡)的单色相配,显得简洁时尚,如图4-13所示。

2)类似色组合

由于色环上相邻色彩的组合在色相、相度、纯度上都比较接近,
组合在一起时比较协调,适宜在安静环境内摆放,如图4-14所示。

3)对比色组合

即互补色之组合。如红与绿、黄与紫、橙与蓝,都是具强烈刺
激性的互补色,它们相配容易产生明快、活泼、热烈的效果。需特
别注意保持互补色彩的比例,如图4-15所示。

3、空间花艺布置原则

家居空间花艺布置有如下设计原则。

图 4-12

图 4-13

图 4-14

图 4-15

图 4-16

图 4-17

图 4-18

　　　　室内设计新诉求
　　　　　　　　——软装饰设计与案例欣赏

① 从空间"局部－整体－局部"角度出发；保持室内空气清新；对室内家居进行空间结构规划。

② 针对家居的整体风格及色系，进行花艺的色彩陈列与搭配，如图 4-16 所示。

③ 要必须懂得运用花艺设计的技巧，将家居花艺的细节贯穿于室内设计，保持整体家居陈设的统一协调，如图 4-17 所示。

④ 要进行主体创意，使花艺与陶瓷、布艺、地毯、画品、家具拥有连贯性，在美化家居环境的同时，提升家居陈设质量，如图 4-18 所示。

4、空间花艺布置技巧

1）客厅

客厅是家庭活动的主要场所，也是会见亲友的地方。如果是大型台面，客厅花艺可以大一些，也可以直接摆放在地面，会显得十分热烈。若想用插花点缀茶几、组合柜或墙上的格架等较小的地方，就要用小型的插花，如图 4-19 所示。

2）餐厅

餐厅花艺通常是放在餐桌上，成为宴席的一部分，除了选择鲜艳的品种外，还要注意从每个角落欣赏均有美感。这里可以是干花也可以是鲜花，但应选择清爽、亮丽的颜色以增加食欲，当然花色

图 4-19

图 4-20

图 4-21

室内设计新诉求
——软装饰设计与案例欣赏

的选择还要考虑桌布、桌椅、餐具等的色彩和图案，如图 4-20 所示。

3）书房

书房的插花作品应简洁明快，使阅读环境更加清新雅致，如图 4-21 所示。

4）卧室

卧室是供们睡眠与休息的场所，宜营造幽美宁静的环境。若空间不够大、空气不够流通，就不宜摆放过多的植物，因为花卉植物在夜间不进行光合作用，不仅吐出的是二氧化碳，而且还要吸收氧气，会有害健康。因此，卧室花艺可以摆放一些干花，根据床品、帘色颜色以及年龄的不同选择相应的干花放在床头柜或梳妆台上作为装饰，以营造卧室温馨的环境，如图 4-22 所示。

5）厨房

一般情况下，厨房的面积不算大，而且空气不新鲜，应该摆放一些小型的、能够净化室内空气的植物，例如绿萝、芦荟等。需要注意的是，应做到简洁、不拖沓，并且不能摆放有过多花粉的植物，避免食物中毒。在厨房中摆放白色或黄色的花艺，立刻显现出生机勃勃的灵动感，如图 4-23 所示。

6）卫生间

浴室内湿度高，放置真花真草的盆栽十分适合，湿气能滋润植物，使之生长茂盛，增添生气。在洗脸盆旁边放上一盆小花，会使宁静的空间顿时生动起来，如图 4-24 所示。

三、不同风格插花的重点

1、东方风格插花重点

① 使用的花材不求繁多，简洁清新、朴实秀雅，富含深刻的寓意，只需插几枝便能起到画龙点睛的效果。梅、兰、竹、菊为主，只需插几枝便自达画龙点睛的效果。造型较多运用轻质、绿叶来勾线、衬托。例如，银柳、八角金盘、一叶兰、龙柳枝、苏铁、芭蕉、竹、文竹、梅、吊兰、万年青、金橘、牡丹、桃等，如图 4-25 所示。

② 形式追求线条构图的完美和变化，崇尚自然，简洁清雅，遵循一定原则，但又不拘于一定形式。

③ 用色朴素大方，清雅脱俗，一般只用 2-3 色。对色彩的处理较多用对比色，特别是利用容器的色调来反衬，如图 4-26 所示。

2、西方风格插花重点

① 用花数量大，有繁盛之感，一般以草本花卉为主，典型植物有海桐、玫瑰、香石竹、扶郎花、百合、马蹄莲、月季等，如图 4-27 所示。

② 形式注重几何构图，比较讲究对称的插法，营造出一种雍容富贵的氛围。主要形式有半球形、椭圆形、金字塔形和扇面形等大

图 4-22

图 4-23

图 4-24

第四章
室内软装饰设计之花艺、画品

177

图 4-25

图 4-26

图 4-27

图 4-28

室内设计新诉求
——软装饰设计与案例欣赏

堆头形状以及不规则变形插法。

③ 往往应用较为艳丽的色彩烘托出热烈、豪华、富贵的氛围。常用搭配方法为利用多种颜色完成一件作品。每种颜色构成相应的色块面，因此也可将其称作色块的插花；另外，还有一种方法是将各种花色进行混插，营造出五彩纷呈的视觉效果，如图 4-28 所示。

四、现代花艺赏析

现代花艺赏析见图 4-29、图 4-30。

图 4-29

室内设计新诉求
——软装饰设计与案例欣赏

图 4-30

第二节 书画艺术品装饰

　　书画艺术品是中国书法和绘画的统称，它是主人思维深处的精灵，是跳动的音符，也是体现其主人性情和文化修养的一个重要方面。室内悬挂书画艺术品，由来已久，西方国家在客厅、卧室挂画已成为一种普遍的风尚。而我国自古就有"坐卧高堂，究尽泉壑"之说，在室内悬挂字画艺术作品也由来已久。

　　现代人对居住环境要求愈来愈高，室内悬挂字画艺术品不仅可以成为视觉的焦点，起到画龙点睛之作用，还可以渲染室内艺术气氛，开拓视野，愉悦身心，增添美感，使生冷的墙面门窗之间营造温暖的气息。如气势磅礴的山水画、富贵吉祥的牡丹画都会形成家居独有的氛围，每个观画的人都被感染。

　　一、室内书画的类型

　　书画主要是指书法和中国画、油画、版画、水彩画及装饰画几个绘画类型。

其中书法有篆书、隶书、魏书、草书、行书、楷书。

绘画根据不同的划分方法有不同的种类。

①根据工具材料和技法以及文化背景的不同，可分为中国画、油画、版画、水彩画、水粉画、线描等主要画种。

②根据描绘对象的不同，可分为人物画、风景画、静物画等。

③根据表现手法不同，可分为古典主义、装饰主义、抽象主义、表现主义、意象主义、构成主义等。

1、书法

书法应为有一定艺术造诣的人书写的作品，主要是名人书法。传统书法有楷、行、隶、草、篆等书写形式的变化，如图4-31所示是来自尉天池的书法作品，比较适合中式风格的空间采用；现代书法打破了许多传统法则的束缚，倡导自由抒情与个性表达，能够满足书写者的创作激情，如图4-32所示是黄吴怀所作的现代书法，这种类型的书法比较适合新中式与混搭风格的空间。

2、中国画

中国画在古代无确定名称，一般称之为丹青，主要指的是画在绢、宣纸、帛上并加以装裱的卷轴画。近现代以来，为区别于西方的油画（又称西洋画）等外国绘画而称之为中国画，简称国画，作为我国琴棋书画四艺之一，具有悠久的历史。从中国画的作画方式、手法和题材方面，能总结出中国画的一些特点。

在作画方式上，中国画的表现形式重神似不重形似，"气韵生动"是中国绘画的精神所在，强调观察总结，不强调现场临摹；运用散点透视法，不用焦点透视法，重视意境不重视场景。

按其题材和表现对象大致分为人物、山水、花鸟三大科；按表现方法有工笔、写意、勾勒、设色、水墨等技法形式；按形制分有立轴、册页、扇面等画幅形式。

图 4-33 为吴昌硕的《牡丹水仙图》，图 4-34 为郎世宁的《平安春信图》绢本，图 4-35 为齐白石的《鸭子庙铁棚屋贝叶草虫图》，图 4-36 为王原祁的《仿黄公望徒壑密林图》纸本，图 4-37 为张萱的捣练图（局部），图 4-38 为韩熙载的《夜宴图》（局部）纸本。

一般来讲，人物画作为室内装饰采用得较少，大多会选用山水画或花鸟画。这是因为现代社会生活节奏快、压力大，人们渴望亲近自然、回归自然而产生心理归属感。工笔画比较适合高档酒店、宾馆的贵宾室、会议室、宴会厅、豪华套房等，用以彰显尊贵。写意画更适合相对自由、放松的空间，如酒廊、书房等。

中国画的展现方式有以下几种。

图 4-31 图 4-32

图 4-33 图 4-34

图 4-35 图 4-36

图 4-37　　　　　　　　图 4-38

图 4-39

图 4-40

室内设计新诉求
　　　——软装饰设计与案例欣赏

1）手卷

作为中国绘画的基础展现形式，"手卷"短的有四五尺，长的可以至几十米。手卷字画通过下加圆木作轴，把字画卷在轴外的形式，将手绢花装裱成条幅，便于收藏。把画裱成长轴一卷，就称为手卷中的"长卷"，多是横看，而画面连续不断，绘画长卷多表现宏大的社会叙事题材，其作品有着"成教化，助人伦"的社会教育功效，如图4-39为《清明上河图》（局部）。

2）中堂

中堂是一种采用立轴形式的书画，由于其主要是悬挂在厅堂之上而得名。随着我国古代厅堂建筑的发展，已演化为较大尺寸的画作。中堂形制的书画作品不仅幅面阔，而且显得格外高大，纵和横的比例为2.5∶1或者3∶1甚至达到4∶1，是中国绘画的室内主要展现形式。清代初期，在厅堂正中背屏上大多悬挂中堂书画，两侧配以堂联，渐为固定格式，直至今日，如图4-40所示。

3）扇面

扇面画是将绘画作品绘制于扇面的一种中国画门类。从形制上分，圆形叫团扇，盛行于宋代；折叠式的叫折扇，明代时期成为扇面画的顶峰时期。扇面画的装裱形式还可以分为：在折扇或圆扇上直接题字或绘画；在团型纸本或绢本上写字作画，再取来装裱，这种方式可称压镜装框；因为圆形或扇形的形式美丽，所以也有人将绘制好的画面剪成圆形或扇形,然后装裱的,也别具风格,如见图4-41所示。

4）册页

也称为“页子”,是受书籍装帧影响而产生的一种装裱方式:宋代以后比较盛行,专门用于小幅书画作品。册页一般有正方形、长方形、竖形或横形,其大小尺寸不等,将多页字画装订成册,成为册页。在展示上,册页与手卷极为相似,便于欣赏和收藏、保存,历来备受艺术家青睐。中国古代官员上奏朝廷的奏折也是这种形式,如图4-42所示。

5）屏风

屏风是一种室内陈设物,主要起到挡风或屏障作用,多与中国传统环境玄学有关,而画在屏风上的画,称为屏风画或屏障画,也有将其称为画屏图障的,如图4-43所示。最早的屏风其实是宫廷用具,是用于展现天子威严的象征物,魏晋时期,屏风才进入贵戚士族人家中,从此屏风画也由此盛行起来。

3、西方绘画

西方绘画包括油画、水粉、版画、素描等画种,最早的西画也是源自原始壁画,在漫长的中世纪里,壁画一直作为宗教的艺术的存在,而西方绘画中,油画作为最重要的一种门类长期存在,甚至

图 4-41

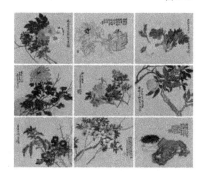

图 4-42

图 4-43

很多时候人们将油画当作西方绘画的代名词，但是，无论哪种形式的西方绘画，基本上都具有以下特点。

在作画方式上，西方绘画作为一门独立的艺术，画家从科学的角度来探寻造型艺术美的根据，不仅以模仿学说作为传统理论的主导，也加入了透视学，重点分析和阐释事物的具象和抽象形式。在作画题材上，西方绘画题材多样，有描述上流社会生活场景的作品，也有描绘一般景物的作品。

1）油画的装裱方式

在实际应用中，常依据画的主题和技法，采用无框和有框两种方式装裱油画。例如，对于简约风格的油画，常用无框的方式装裱；对于古典风格的油画则用有框的方式装裱。

①外框画。采用外框来装裱油画，往往能够带来锦上添花的效果，这验证了"三分画七分裱"的理念同样可以用于西方画作中。画框虽小，但其中包含的内容十分广泛，如个性、人文、传统、装饰学等的知识，如图4-44所示。

②无框画。无框画是采用内框来装裱油画，具体来说，是将油画像绷鼓面一样紧绷于内框上，并将内框包裹于其中。从外观上看，并不能观察到画框，因此被称作无框画。这种装裱方式常应用于现代装饰设计中，如图4-45所示。

2）油画的风格选配

①色彩搭配。与室内其他装饰相比，油画的主色彩不能过于突兀，应产生一定的呼应。室内装饰为深沉稳重的风格时，应该选择古朴素雅的油画；室内装饰为明亮简洁的风格时，应该选择活泼、前卫、抽象的油画。

②画品质量。目前市场上的油画包括手绘油画和印刷油画，在选择油画时，最好选择前者，这是因为后者是经过印刷填色而成，经过长时间的氧化，容易变色，降低画作质量。一般来说，可以通过触摸进行区分，手绘油画的画作表面比较粗糙，而印刷油画的表面较为平滑，只是局部用油画颜料填色。

③风格搭配。选用多幅油画来装饰室内时，应尽可能地统一画作的风格，当然也可以选用一两幅不同风格的油画点缀其中，但需要注意不能使画作显得杂乱。除了油画风格的统一之外，还应该注意家居、靠垫等的搭配，如图 4-46 所示。

图 4-44

图 4-45

图 4-46

室内设计新诉求
——软装饰设计与案例欣赏

二、画品在软装饰中的应用

1）选画

①如何确定画品风格。根据装饰风格选择不同形式的书画艺术来营造不同的室内艺术效果。如低矮的居室可以选择条幅的书画作品增加居室的高度感，同样过高的居室可选择横幅作品增强居室的延伸感。选择什么样的书画类型和风格应协调并服从于整体室内风格。

抽象派和现代派的绘画较适宜于宽敞明亮的新派装饰风格，在室内具有极强的装饰性（图4-47）；而写实、古典的油画适应于豪华、古典的欧式装饰风格（图4-48）；印象派画风因为色彩斑斓而只有光色效果好的特色；而中国画和书法作品更适合中式的室内装饰风格（图4-49）。

②如何确定画品边框材质。现在流行的装饰画材质多样，多木线条、聚氨酯塑料发泡线条、金属线框等，如图4-50所示。

③如何确定画品色彩、色调。画品的主要色彩应该与空间的主色调统一，不能选择色彩对比明显的画品，也不能令画品色彩与空间整体色调脱离，应实现色彩的有机呼应，如与坐垫、工艺品等属于同一色系，如图4-51所示。

图 4-47

图 4-48

图 4-49

图 4-50

室内设计新诉求
——软装饰设计与案例欣赏

2）挂画

书画的选配要与承载它的墙面相协调。画幅的大小、造型以及悬挂的高度都会影响整个空间的效果，如图 4-52 所示。画幅过大，空间显得拥堵；画幅过小，空间则显得空旷。纵向的画幅有纵向的延伸感，只有纵向的墙面适合；反之，横向的墙面要配置横向的画幅才能协调。通过对书画与墙面的面积和谐比例的计算与总结，得出一般空间中画幅规格应控制在其所处空白墙面的 1/10~1/9 特殊空间除外。

另外，在室内墙面陈设书画，书画陈设的高度就要考虑人的视高与视距。因为人的视高一般约在 150 厘米以上，所以书画装饰陈设的高度一般以此高度为基准，将画作按照垂直方向分为 8 份，从上往下 5/8 处就是所说的"黄金分割线"，图 4-53 ~图 4-58 为合理的书画选配图。

3）不同空间的画品陈设

不同的空间有不同的功用，不同的功用决定了它需要相应的装饰。书画的选择也是这样。例如书房的功能是看书与学习，需要营造出学习环境与文化特质。因此，书画的类型与内容应该与此相关。

①客厅配画。古典装修的以风景、人物、花卉为主。现代简约装修还可选择抽象画，也可依主人的特殊爱好，选择一些特殊题材的画，以体现主人的文化要求及个人独特的审美情趣，如图 4-58 所示。

图 4-51

图 4-52

图 4-53

室内设计新诉求
——软装饰设计与案例欣赏

图 4-54

图 4-55

图 4-56

图 4-57

客厅挂画一般有两组合（60厘米×90厘米×2），三组合（60厘米×60厘米×3）和单幅（90厘米×180厘米）等形式，具体视厅的大小比例而定。

②书房配画。书房主要用于阅读，陈设书画作品自然是非常适宜的，尤其是书法和中国画很适合烘托书房的文化气息。活泼的花鸟画陈设于中式风格的上书房，可增添生活情趣；而置于现代风格的空间则能营造愉快的阅读氛围，如图4-59所示。

③餐厅配画。餐厅一般适宜营造舒适、怡人的氛围，常常选用花卉、静物等题材的作品。色彩应尽量明快，画幅不宜过大，如图4-60所示。

④玄关配画。玄关不大，一般选择精致小巧的作品为宜。同时，玄关是房子的起点，所选作品也应起到"开宗明义"的作用，代表整套房子的风格。其次，从家居环境心理因素的角度来讲，要选择利于和气生财、和谐平稳的作品，如图4-61所示。

⑤卧室配画。卧室配画要突显出温馨、浪漫、恬静的氛围，以偏暖色调为主，人物、人体、花卉都是不错的题材（图4-62），也可以摆放自己的肖像、结婚照，让人感到温馨或高贵，令人随时有关梦成真的感觉。

⑥儿童房配画。儿童房是小孩子的天地，可以根据孩子的兴趣来选择。孩子一般都对绘画有兴趣，也可以从孩子平时的作品中挑

图 4-58

图 4-59

图 4-60

图 4-61

选出来，进行裁剪和装裱后挂于室内，往往能取得意想不到效果，如图 4-63 所示。

⑦卫生间配画。卫生间面积不大，挂画也宜选择较小尺寸的作品。卫生间的陈设不宜陈设传统作品，而适宜选择清新、休闲、时尚、诙谐的画面，如图 4-64 所示。

⑧走廊配画。走廊很容易布置成艺术走廊，可以同时挂几幅作品。等距平行悬挂，形成连贯的整体，既美观又利于欣赏。画框的款式和规格应该尽量一致，单幅控制在 40 ～ 60 厘米（边长）左右。每幅画上方有射灯照明效果会更好，如图 4-65 所示。

室内设计新诉求
——软装饰设计与案例欣赏

图 4-62

图 4-63

图 4-64

图 4-65

第五章

室内软装饰设计之织物应用

室内设计新诉求
——软装饰设计与案例欣赏

第一节 织物概述

织物应用即为纺织品的装饰应用，主要是指使用穿梭类织物，如棉织品、麻织品等各类纤维制品，通过其纤维织品所完成的室内软装饰设计。

一、织物的组成材料

1、天然纤维

天然纤维是指在自然界中生长形成或与其他自然界物质共生在一起，可直接用于纺织品加工的纤维。天然纤维包括自然界原有的，或从人工种植的植物体中、人工饲养的动物体中获得的纤维。主要包括棉线、丝线、毛线、麻线、棕绳；植物类的茎脉、枝条；棉、毛等，其中棉、麻、毛、蚕丝是天然纤维中的主要原料。如图5-1所示。

棉花是很晚才从印度传入我国的，东汉晚期出现于边疆地区，唐代才逐渐在中原地区推广种植，直到明代中晚期，棉花的种植和使用的才进入了发展高峰时期。经过加工后的棉线牢度高、拉力强，触觉柔软，常用于制作织物。

麻纤维是从各种麻类植物中取得的纤维，包括一年生或多年生草本双叶植物皮层的韧皮纤维和单子叶纤维。韧皮纤维主要有苎麻、亚麻、黄麻等。麻纤维的用途广泛，既可作为织物原料编织为渔网状的织物（图5-2），也可织成各种亚麻布（图5-3）、夏布等面料。尤其是棕麻，经过染色等加工处理后艺术感强，制成的织物坚韧耐磨不易腐烂，具有强烈的视觉触感，是一种使用较多的织物原料。

毛类纤维大多是绵羊毛和山羊毛，此外，古代美洲安第斯山区中部的骆马和羊驼也可供人们取毛。毛类纤维细软富有弹性，强韧耐磨，毛质细腻，是理想的织物编织材料。在土耳其南部，曾发现过距今8000年的毛织物残片。根据专家鉴定和研究，发现这块毛织物表面光滑、粗细均匀，而且很少有粗糙起毛的现象。染色的羊毛纤维织物具有温暖、厚重的特性，富有很强的亲和力。

桑蚕丝是天然的动物蛋白质纤维，熟蚕结茧时分泌丝液凝固而成的连续长纤维，也称天然丝。根据蚕吃的食物不同，又分桑蚕、柞蚕、木薯蚕、樟蚕、柳蚕和天蚕等。我国蚕丝的丝织品在新石器时代的文化遗存中被发现，最早距今约5500年之久。蚕丝材质细柔、光滑富有弹性，所制成的织物给人华丽、优美之感。

图 5-1

图 5-3   图 5-2

2、化学纤维

化学纤维是以高分子化合物或衍生物为原料，经过化学处理后制成的纤维，包括再生纤维（人造纤维）和合成纤维两类。

再生纤维是由含有天然纤维的原料经过人工加工制成，合成纤维利用煤、石油、天然气等高分子化合物为原料，先制成单体，再经过化学合成和机械加工而制得的纤维。再生纤维因受到动植物资源的限制，故使用较少；合成纤维的耐磨性好、耐腐蚀性能好，使用较为广泛，常见的种类有锦纶、腈纶、丙纶和氨纶，如图5-4所示。

如今，人们早已采用人工合成原料再与天然原料结合，成为具有各种特性合成纤维的纺织品。

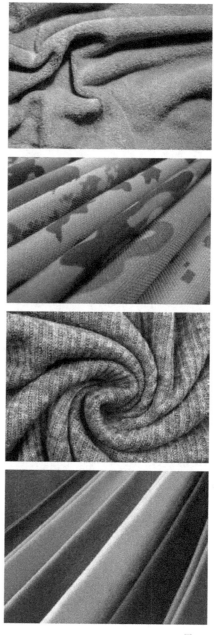

图 5-4

二、装饰织物的图案

对于家用纺织品的图案，既可以单纯看成是一种图形和色彩的构成，是题材、元素、构图、表现手法的综合，也可以从中解读到蕴涵的历史、文化沉淀、技术的营造、艺术流派的变迁、生活方式的变化等。

每一个成功的图案设计，都是在特定的历史背景、技术限制和市场需求下，准确地传达了一种人文的情调、艺术的品位、时尚的概念，反映出消费者的不同需求。

1、花卉图案

花卉图案在家用纺织品的花形中占有十分重要的地位 3 形式上分抽象花卉、写意花卉、写实花卉等。色彩色调上分单色花卉、浅白地花卉、深地花卉、同色深浅调花卉、深色调花卉等。

1）簇叶图案

自然界各种形态的植物叶子都能作为花布图案，无论是梧桐树叶或是玫瑰花叶，都是很好的素材：簇叶图案在现代追求自然的生活方式状态下，已成为家用纺织品中最常见的题材之一。常见的簇叶图案有梧桐树叶排列尖、叶花瓣排列，如图 5-5 所示。

2）标本花卉图案

20 世纪 60 年代和 80 年代初在欧洲的纺织品织物中流行一种被称为标本花卉的花样，标本花卉花样其实就是十分写实的花卉图案，

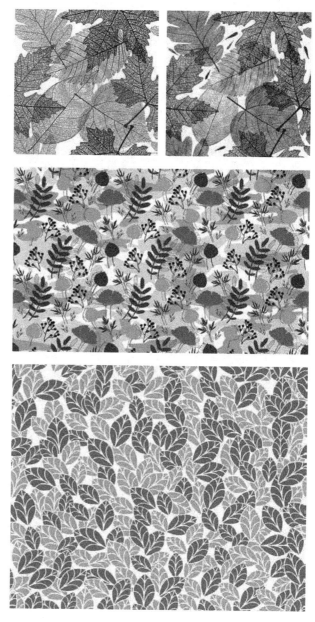

图 5-5

本来的用途最主要的是作为植物学和生物学的插图，如图5-6所示。

3）写意花卉图案

1911年，由于"野兽派"画家杜飞首先运用印象派与野兽派的写意手法，使国际印花织物的花卉图案出现了惊人的变化：在其之后，图案设计家们纷纷效仿他的手法和风格，于是出现了不同材料和不同风格的写意花卉图案，如钢笔速写图案、水彩花卉图案、泼墨花卉图案，如图5-7所示。

4）写实花卉图案

我国传统的工笔花卉画就是写实花卉图案的一种，用手绘的方式在丝绸上画花可能在周朝以前就已经有了，写实花卉图案的表现主要是运用水粉或水彩的多套色的手法。

5）装饰性花卉图案

阿拉伯卷草图案和印度植物图案是世界上最早最完美的装饰性花卉花样之一，如图5-8所示。直至今日，在世界纺织图案中仍然保持着强有力的生命力。

此外，装饰性花卉图案还包括粗犷豪放风格的图案，较为常见的有如图5-9所示的俄罗斯风格花卉图案和法国风格花卉图案。

6）束花花卉图案

花卉经常被组合成束花状，再加上飘扬的缎带和由缎带结成的蝴蝶结，用花篮的形式出现也是常有的。20世纪80年代初，流行的

图 5-6

图 5-7

图 5-8

图 5-9

浪漫主义花卉图案就是这种束花和花篮再加一些用小花组成的波形线条构成的，如图 5-10 所示。

7）花环花卉图案

花卉经常组合为花环状，如图 5-11 所示。

8）团花花卉图案

团花花卉图案如图 5-12 所示。

9）簇花花卉图案

簇花花卉图案如图 5-13 所示。

10）满地排列花卉图案

满地排列花卉图案如图 5-14 所示。

11）清地排列花卉图案

清地排列花卉图案如图 5-15 所示。

12）条型排列花卉图案

条型排列花卉图案如图 5-16 所示。

13）格型排列花卉图案

格型排列花卉图案如图 5-17 所示。

14）青花瓷器花卉图案

青花瓷器花卉图案如图 5-18 所示。

15）自由花卉图案

自由花卉图案如图 5-19 所示。

图 5-10

图 5-11

图 5-12

室内设计新诉求
——软装饰设计与案例欣赏

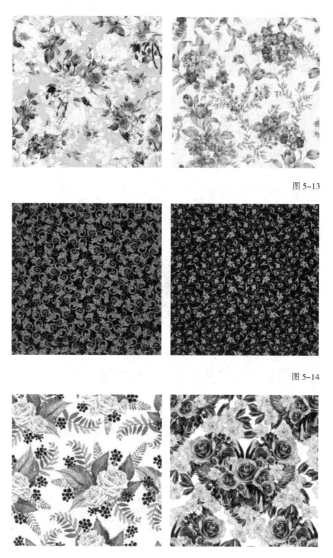

图 5-13

图 5-14

图 5-15

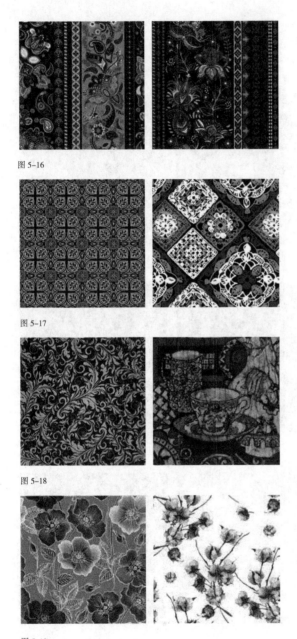

图 5-16

图 5-17

图 5-18

图 5-19

室内设计新诉求
——软装饰设计与案例欣赏

2、地域风格图案

1）佩兹利图案

起源于南亚次大陆北部克什米尔地区，佩兹利纹样在中国称其为"火腿纹样"；伊朗以及克什米尔地区称为"巴旦姆纹样"或"克什米尔纹样"；日本称为"曲玉纹样"；在非洲称为"腰果纹样"；西方国家称为"佩兹利纹样"。

世界上经典的民族纹样有很多种，而佩斯利纹样就是其中辨识度最高的装饰纹案之一，却也最难以描述。它没有千鸟格那样的固定排列规则，颜色搭配、花式设计与大小各不相同，唯独统一不变的核心元素，就是它那标志性的泪滴状图案，"泪滴"内部和外部都有精致细腻的装饰细节。佩斯利纹样最初诞生于古巴比伦，兴盛于波斯和印度。它的图案据说是来自于印度教里的"生命之树"——菩提树叶或海枣树叶。也有人从芒果、切开的无花果、松球、草履虫结构上找到它的影子。似乎天生就与"一千零一夜"这样的神话有着千丝万缕的关系。如图 5-20 所示。

2）日本友禅图案

和服的图案纹样衣料均称为"友祥绸"，友祥纹样则是图案方式的具体体现。由日本扇绘师宫崎友禅斋创造并得名的，是以糯米制成的防染糊料进行描绘染色的技法。印染、手描、刺绣、扎染蜡

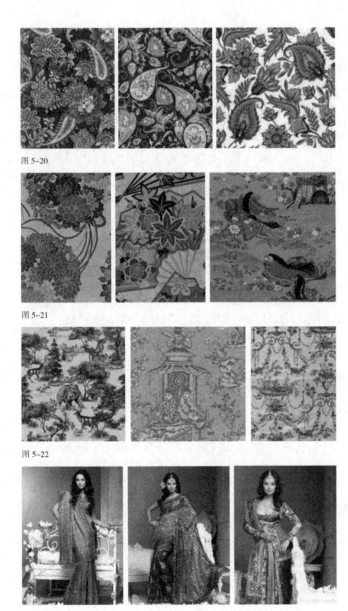

图 5-20

图 5-21

图 5-22

图 5-23

室内设计新诉求
——软装饰设计与案例欣赏

染揩金等手段相结合。友禅图案由樱花、竹叶、兰草、红叶、牡丹等植物图案与扇面、龟甲、清海波、雷纹等器物、几何纹样组合描绘。如图 5-21 所示。

3）法国朱伊图案

法国朱伊图案，源于 18 世纪晚期，德籍年轻人克里斯多夫·菲利普·奥贝尔康普 (Philip Christopher Oberkampf) 在巴黎郊外的朱伊 (Jouy) 小镇开设印染厂，生产本色棉或麻布上木版及铜版的印染图案面料，流行于当年的宫廷内外，并受到路易十六的"王室厂家"的嘉奖，被称赞为：在印花图案历史上熠熠闪光。在原色面布上进行铜版或木板印染，以人物、动物、植物、器物等构成的田园风光、劳动场景、神话传说、人物事件等连续循环图案。朱伊纹有两大标志特点：一是以风景为母题的人与自然的情景描绘，随意穿插，依势而就；二是以椭圆形、菱形、多边形，圆形构成各自区域性的中心，然后在区划之内配置人物、动物、神话等古典主义风格具有浮雕效果感的规则性散点排列形式的图案，严谨凝重，排列有序。如图 5-22 所示。

4）印度沙丽图案

印度纱丽已有 5000 多年的历史，是现代印度的"正装"，无需针线缝制的裹装代表。长 6 米左右，宽 1 米多。穿着时紧紧缠裹在肚脐以下长至脚面，一端可披在肩上或裹在头上。传统纱丽图案由主纹样、边饰纹样构成，题材丰富，色彩艳丽，并配以印花和手工刺绣及各种面料，呈现丰富华美且秩序性强的造型样式。如图 5-23 所示。

5）非洲蜡防图案

"非洲每个人都是艺术家。"据说非洲蜡防图案是由埃及或东南亚传入的，其最大的区别是图案的造型。非洲蜡防图案风格热烈奔放、粗狂刚健、深沉拙朴。图案多以装饰感强烈的块面表现花卉、动物和抽象造型，非常注重底纹表现，抽象生动多变的细线与主花构成有机的整体。色彩多以深褐、米黄、深蓝为主套色，单纯而强烈。如图 5-24 所示。

6）中国吉祥图案

"图必有意，意必吉祥"，中国的审美文化心理形成了"吉祥"的图案特色。如龙凤、云纹；莲花、鲤鱼（连年有余）；喜鹊、梅花（喜上眉梢）；更有"双凤朝阳"、"梅兰竹菊"等。它们还影响了 18 世纪的欧洲洛可可艺术图案纹样，给世界艺术品带来了深远的影响。如图 5-25 所示。

3、英国莫里斯图案

19 世纪中叶的英国，工业革命时期，威廉·莫里斯为代表的"新艺术运动"应运而起，威廉·莫里斯最为人所熟知的是他设计的大量图案纹饰，被运用在家居、服饰等许多地方。这些充满自然主义

图 5-24

图 5-25

风格的纹样，多以干净简洁的颜色为底，上面铺满了色彩绚丽、造型繁复的花朵，充满了古典的美感。

莫里斯强调传统手工艺，反对矫揉造作的维多利亚风格，推崇东方装饰艺术，并十分注重对自然的关注。他热衷于采用大量卷草、藤蔓、花卉、鸟类等题材，在墙纸设计、挂毯设计、刺绣等装饰图案设计领域表现出独特的设计理念和思维。

植物元素充斥于莫里斯的设计中，枝蔓、叶子、花朵的穿插排列，左右对称的骨格形式，具有强烈的装饰效果，充满自然主义色彩。如图 5-26 所示。

4、洛可可图案

17 世纪初期，欧洲各国竞相发展与东方亚洲、中近东地区的贸易，进口当地的奇货珍宝。17 世纪后半期，欧洲涌现许多专门以花卉为题材的花卉画家，从而助长了人们对花卉的钟爱情绪。洛可可纹样的特点是曲线趣味，常用C形、S形、漩涡形等曲线为造形的装饰效果。构图非对称法则，而是带有轻快、优雅的运动感。色泽柔和、艳丽、轻快，给人轻松舒适感。崇尚经过人工修饰的"自然"。人物意匠上的谐谑性、飘逸性，表现各种不同的爱，如浪漫的爱、母爱等。如图 5-27 所示。

图 5-26

图 5-27

5、巴洛克式纹样

巴洛克式纹样，以浪漫主义精神为设计出发点，赋予亲切柔和的抒情情调，追求跃动型装饰样式，以烘托宏伟、生动、热情、奔放的艺术效果。巴洛克家具利用多变的曲面，采用花样繁多的装饰，做大面积的雕刻、金箔贴面、描金涂漆处理，并在坐卧类家具上大量应用面料包覆。繁复的空间组合，与浓重的布局色调，把每一件家具的抒情色彩表达得十分强烈，舒适感与细腻温馨的色调处理，把热情浪漫的艺术效果表达得十分成功。用在时装中的巴洛克纹样大放异彩，华丽的贵族气息高调的无与伦比！如图 5-28 所示。

6、现代抽象几何图案

几何图案的概念是以几何形为装饰形象的图案，其历史非常久远，而且每个时代、每个民族都赋予它不同的特点和风貌。当代的几何形服饰图案的特点主要在于强调其自身的视觉冲击力。它那单纯、简洁、明了的特点及严格的规律性很符合现代文明的价值取向和人们的审美趣味。几何的变体结构又可加入多种风格糅杂，其多样性与现代感更足。如图 5-29 所示。

三、室内软装饰织物设计的原则

1、室内装饰织物设计与室内风格的协调

装饰织物的设计、选择需要设计师认真对待，因为它的合理与

图 5-28

图 5-29

否关系着整体氛围的优劣，也就是说织物的设计与选择要符合主体风格，融入主旋律。例如，以小庭院、明式家具、琴棋书画、文房四宝等为元素构成的室内空间里必须配上丝绸、蓝印花布、手工编织等具有传统文化特点的装饰织物，以及具有中国典型传统文化符号、图案、色彩等元素才会协调。反之，将与整体相悖。如图5-30、图5-31所示。

再如，为营造甜美质朴的田园风格，应搭配淡雅风格的织物，给人一种细致、休闲、甜蜜宁静之感，如图5-32所示。

装饰织物本身的价格有着高低之分，但是带给人的美却是没有高低贵贱之分的。富丽华贵是美的，质朴古拙同样也是美的。因此，选择什么样的装饰织物合适，关键要看整体要求，如图5-33所示。

2、人的生理、心理对装饰织物的要求

织物作为室内元素的一种，在现代的室内设计中已经越来越受到人们的重视，因为它是人与环境对话最直接的方法之一。实际上，由于纺织品本身所具有的材质、肌理、纹样和颜色，天生就具有比其他元素更容易"与人沟通"的条件，这些条件可以通过人的感官(如触觉、视觉)和心理感受而实现：形态的疏密大小可以造成不同的视觉空间感；颜色的冷暖、纯度、明度可以造成不同的心理变化；材料的质感肌理可以造成不同的舒适度与亲近度等；纹样的题材样式

室内设计新诉求
——软装饰设计与案例欣赏

图 5-30

图 5-31

图 5-32

图 5-33

可以造成不同的联想与风格感受。充分利用这些心理与视觉感受可以使设计满足人的最大需求，创造出宜人的环境。利用织物独特的可变化性与柔软性，可以拉近人与室内环境的距离。并且，丰富多彩的织物也可以打破建筑的坚硬、冷漠感，弥补室内其他元素的缺陷与不足，给环境带来柔和、温馨、融洽的效果。

四、织物的工艺制作方法

创意织物的工艺制作方法可以说是多种多样、不拘一格。归纳起来，主要包括编织、层叠、填充、抽纱、刺绣、镶缀、绗缝及物理化学处理八种常用制作方法。对于设计者来说，这些手法既可单独运用，也能综合配置。如果不拘陈规充分发挥自己的创造力和想象力还会在不经意间创作出更多极富魅力与趣味的新风格的创意织物。

1、编织法

编织法，即采用各类线型纤维材料，如线绳、布条等为经、纬向基本元素，并按照一定的组织规律做相互浮沉交织处理的织物的工艺制作方法。通常，编织法要借助木框、钉子以及梭子等工具来进行。由于所采用的组织规律的不同，可以形成肌理、质感、色彩、图案等变化莫测的织物效果。如图5-34所示为编织的织物作品。

2、层叠法

层叠法，即融合了剪裁、排列、拼接、折叠、缝纫等方法的具有较强随意性的工艺制作手法。层叠法可以采用多种材料为元素，剪裁或折叠出各种造型，制作的织物具有较强的层次感，如图5-35所示。

3、抽纱法

抽纱法，即将原始织物根据设计的需要，抽去部分经线或纬线形成创意织物的一种制作手段。抽纱工艺技法繁多，主要有抽丝、雕镂、挖旁布及钩针通花等。利用该工艺制成的织物，具有虚实相间、层次丰富的艺术特色，如图5-36所示。

4、刺绣法

刺绣法，是在传统刺绣的基础上，以彩色的丝线、棉线在丝质绸缎、绢、纱、棉布等面料上运用多种针法制作织物的一种方法，风格自由，色彩明亮，如图5-37所示。

5、镶缀法

镶缀法，是将装饰用的珠子、贴片、金属片等材料与面料等纺织材料相互搭配，采用镂空、编织等手法制作织物，能够增加织物的装饰作用，如图5-38所示。

6、绗缝法

绗缝法，即将各色各类布头、碎料以拼、补、绗、缝的制作方

图 5-34

图 5-35

法拼补在一起，形成某种肌理效果或图案造型的织物工艺形式。该法属于一种传统的织物构成方法。针码、线迹、缝纫方式以及平缝或托衬填充物以求立体效果的缝法等，都是影响最终织物形象的设计关键。其中，针码、线迹等构成的线形，既可以是规则线形（如直线或曲线），也可以根据构思需要做非规则的处理，如图5-39所示。

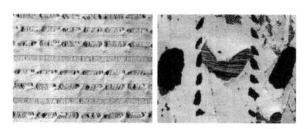

图 5-36

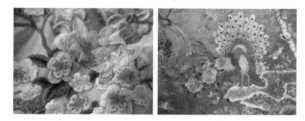

图 5-37

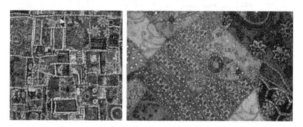

图 5-38

图 5-39

第二节 织物装饰的文化价值

　　室内软装饰表现出装饰者的文化价值和文化取向。不同社会文化特征对室内环境文化体质影响也不同。装饰者的个人品味、审美情趣、生活习惯等都会在室内装饰中予以体现。如小资人家喜爱使用花饰装点室内，如图5-40所示。

　　室内织物的历史十分久远，蕴含着十分丰富的文化意蕴，室内织物装饰可使整个室内环境的人文价值得到提升。若环境中承载着历史的痕迹，形式与内容又互相统一，在进行织物设计时就会自然而然地与环境的历史文化相联系。织物承载着特殊的文化含义，它凝聚着身后的人类历史传统经历的情感。当织物的材质与人类当时的心理情感一致时，便会给人一种安全感、归宿感，与它是传统风格设计还是现代风格设计无关。

　　古代宫廷、府邸喜欢并善用各式各样的幔帐来装饰空间，不仅可以分隔空间，还可以烘托氛围。如图5-41所示的幔帐，柔化了空间。

　室内设计新诉求
　　　　——软装饰设计与案例欣赏

再如我国民间所谓"吉庆喜红"，常于婚嫁喜庆之时张灯结彩，为环境增添欢乐气氛，而富有装饰性的红布、红线、红丝、红纸，便成了此时的宠物，如图 5-42 所示。

现代织物的材质、色彩、纹样变化多样，设计方法种类较多，因此出现了很多具有人文气息、充盈着文化内涵的新织物形象，达到了精神价值观和审美价值观的双重标准，使室内具有装饰者所需的传统文化或生态文化、智能文化等特征。

图 5-40

图 5-41

图 5-42

室内设计新诉求
——软装饰设计与案例欣赏

第三节 织物在室内软装饰中的应用

一、窗帘在室内软装饰中的应用

窗帘是一种帷幔类的织物装饰，由于它在室内占有较大面积，往往是人们视觉感受最突出的地方，故有人称它为"居室的眼睛"，如图 5-43 所示。

1、窗帘的作用

窗帘是室内软装饰的重要部分，场所和功能不同，所选用的窗帘也就不同，应根据窗帘的功能作用进行选择。窗帘的作用一般有如下几种。

1）遮阳、避光

舒坦厚重的窗帘能够有效地减少阳光的直射，调节室内的光线。可根据自身的需要，调节窗帘开合的程度来达到目的。

2）保护隐私

一般情况下，人们都希望所处环境能够有一定的私密性。窗帘能够有效阻挡外界视线，增强环境私密性。

3）调节温度、保护家具

较为厚重的窗帘，特别是双层及三层窗帘既能够有效阻挡夏日的阳光照射，又可阻挡冬日热量的散逸，调节室内温度，并保护好家具，使室内形成一个相对独立的安全区域。

4）隔音、降噪

厚重的窗帘不仅能够阻挡阳光直射，还能够减少声音的传入，阻挡尘世的喧嚣，有利于营造一个安静的环境，起到隔音降噪的作用。

5）观赏、美化

色彩鲜艳、图案丰富、款式多变的窗帘在室内装饰中起到观赏、美化的作用。讲究的窗帘或门帘，都可以使居室流光溢彩，满室生辉，如图5-44所示。

2、窗帘的种类

窗帘按照功能和作用，可分为开合帘、罗马帘、卷帘、百叶帘、遮阳帘等。

1）开合帘（平开帘）

开合帘是指可沿着轨道的轨迹或杆子做平行移动的窗帘。

① 欧式豪华型。上面有窗幔，窗帘的边饰有裙边，花型以色彩浓郁的大花为主，华贵富丽。如图5-45所示。

图 5-43

图 5-44

图 5-45

② 罗马杆式。窗帘的轨道采用各种造型或材质的罗马杆。如图5-46所示。

③ 简约式。这类窗帘突出了面料的质感和悬垂性，不添加任何辅助的装饰手段，以素色、条格形或色彩比较淡雅的小花草为素材，显得比较时尚和大气。如图5-47所示。

2）罗马帘（升降帘）

罗马帘是指可在绳索的牵引下做上下移动的窗帘。这种窗帘最先出自罗马，由此得名。罗马帘的层次感较强，具有非常好的隐蔽性，装饰时具有独特的美感。

罗马帘多以纱为主，多从装饰美化这个层面来考虑。罗马帘常用于书房、过道、咖啡厅、宾馆大厅等不需要阻挡强烈光源的场所，常见款式有：普通拉绳式、横杆式、扇形、波浪形等。如图5-48所示。

3）卷帘

卷帘是指可随着卷管的卷动做上下移动的窗帘。

卷帘一般用在卫生间、办公室等场所，主要起到阻挡视线的作用。材质一般选用压成各种纹路或印成各种图案的无纺布，要求亮而不透，表面挺括，如图5-49所示。卷帘有时还可采用竹编和藤编作为编织材料，此类卷帘具有浓郁的乡土风情和人文气息，如图5-50所示。

图 5-46

图 5-47

图 5-48

图 5-49　　　　　　　　　　　　　　　　　　　　　　图 5-50

4）百叶帘

百叶帘是指可以做 180° 调节并可以做上下或左右移动的硬质窗帘，通透、灵活。这类窗帘适用范围比较广，如书房、卫生间、厨房间、办公室及一些公共场所都可用。它具有阻挡视线和调节光线的作用，材质有木质、金属、化纤布或成形的无纺布等。如图 5-51 所示。

5）遮阳帘（天棚帘及户外遮阳帘）

遮阳帘是能够阻挡外界的阳光、紫外线和热量进入室内的一种窗帘。天棚帘是遮阳帘中的一种，主要运用在天窗的遮阳系统，根据运行原理，可分为卷轴式天棚帘、叶片翻转式天棚帘、折叠式天棚帘等。此外，户外遮阳伞也属于遮阳帘的范畴。如图 5-52 所示。

窗帘按照厚度还可以分为薄、中、厚三类。薄型窗帘具有透气、透光的特点，一般作为外层窗帘，中型窗帘呈半透光特性，能透气也能够隔断室外视线，一般作为中层窗帘；厚型窗帘质地厚重、垂性好，能遮光、隔声、保暖，因此常用作里层窗帘。

目前内外窗帘的面料虽然厚薄不一，但由于相似的图案配套，显得灵活而又有变化。卧室窗帘图案一般与床罩、地毯等图案相呼应，与墙布图案只求有相关联因素。客厅窗帘则要与沙发以及其他蒙罩织物相联系，色彩与图案上应具有相似的特征。窗帘随着功能的开启、褶皱的变化，图案也产生了变化，因此窗帘图案的色彩要求相对概括、排列整齐有序。比较常见的有纵向与横向的图案排列。纵向排

图 5-51

图 5-52

列可以使空间具有向上的延伸感；横向排列则使得空间具有扩张感。窗帘在空间中具有相当大的视觉范围，可以影响或改变室内主色调。因此，窗帘的色彩选择一定要慎重，要结合空间装饰的风格定位和色彩定位予以选择。深色的窗帘对比强，层次清楚；浅色的窗帘易呈现高明度的淡雅之感。

二、地毯在室内软装饰中的应用

地毯是室内铺设类布艺制品，对室内软装饰起着十分重要的作用。

① 地毯能够引导和组织空间，给人一种象征的领域感。

② 减少地面热量散失，阻断冷空气侵入，具备优良的保暖防潮性能。

③ 降低外来噪音和室内声音，吸音隔声效果显著。

④ 地毯风格多变，视觉效果好，带给人们舒适之感。

1、地毯的种类

1）按质地分类

按质地分类羊毛毯、丝质地毯、麻棕地毯、化纤地毯、皮草地毯和碎布毯等。

① 羊毛地毯。羊毛地毯具有良好的弹性、保温性、抗污性、阻燃性、易清洗、色泽柔和、保暖效果好、无静电、色泽恒久、吸音能力、

有保值作用等特点。如图 5-53 所示。

② 丝质地毯。丝质地毯是手工编织地毯中最为高贵的品种，其质地光泽度很高，冬暖夏凉、编织精细、图案丰富，在不同的光线下会形成不同的视觉效果。如图 5-54 所示。

③ 麻棕地毯。麻棕地毯的特点是材质粗狂，色泽沉稳，图案洗练，防潮耐磨，价格低廉，如图 5-55 所示。麻棕地毯是乡村风格最好的烘托原色，材质具有一种质朴感和清凉感。

④ 化纤地毯。化纤地毯以化学纤维为原料，具有防燃、不易腐蚀、不易霉变、耐磨等优点，价格便宜，有吸尘、吸音、保温的作用。

⑤ 皮草地毯。皮草地毯是指由皮毛一体的真皮地毯，主要以牛皮、马皮、羊皮为主，能营造富丽奢华的氛围，增加色彩。如图 5-56 所示为红黑搭配的霸气沙发，搭配皮毛一体的牛皮地毯，两者的完美结合低调而奢华；如图 5-57 所示为白色的新古典家具，搭配皮毛一体的羊毛毯，个性而前卫，上面的豹子更是给空间带来几分情趣。茶余饭后坐在地毯上喝上一杯红酒，生活如此惬意。

⑥ 碎布地毯。碎布地毯是环保主义的家居产品，适合单身族、简居族的需要，材质温和，图案简练，价格低廉，最大的好处是适于机洗。如图 5-58 所示。

2、地毯的选用要素

由于家庭装饰向高品位、高品质的方向迅猛发展，各类手工、

图 5-53

图 5-54

图 5-55

图 5-56 图 5-57

室内设计新诉求
——软装饰设计与案例欣赏

机织羊毛地毯的款式、色泽、图案等，已能从不同角度满足不同消费者的需求。选择地毯主要宜从整体效果入手，注意与室内的环境氛围、装饰格调、色彩效果、家具样式、墙面美化、灯具等相和谐，以不破坏空间整体艺术效果为前提，起到烘托空间气氛和连接室内空间构图的作用。

三、床品在室内软装饰中的应用

软装布艺是营造居室氛围最直观的物件，尤其是家中床品的搭配，包括四件套、抱枕等，对卧室环境的烘托起到重要作用。床品的风格主要有以下几类。

1、欧式奢华风格

历史悠久的欧式古典家具文化中，经典的床品也是必不可少的展示元素。在床品的选择上应体现传统的雍容气质，领略千年的奢华风范，置身其中，恍若触摸着旧日皇族的荣耀光芒。如图5-59所示。

2、现代简约风格

现代简约风格致力于在横平竖直的干练中寻求一种平衡的美感，用更加精细的工艺和考究的材质，展现出现代社会所独有的精致与个性。现代风格的床品图案简洁大方、色彩明艳夺目。图案多为条纹、单色、几何拼贴等。如图5-60所示。

图 5-58

图 5-59

图 5-60

图 5-61

3、中东民族风格

明艳的中东风格，历史与传说并存，迷幻而纯粹，沉淀着岁月留下的凝练。人们在床品的选择上越来越倾向于民族风的诠释，阿拉伯图案、中式韵味、丝路风情等元素在居所中逐渐得以呈现。如图 5-61 所示。

4、田园风格

田园风格以乡村原色及配饰元素作为风格承载，繁华似锦，春风摇曳，阳光般的色调中，写满了清新和典雅。小碎花的图案通常是田园风格中最好的选择。如图 5-62 所示。

5、新中式风格

新中式风格追求传统与现代的结合，床品的选择更是如此，一幅水墨画、一个中式符号都可能成为设计中的亮点。如图 5-63 所示。

四、餐桌织物在室内软装饰中的应用

餐桌织物是指用于餐厅桌子上的系列产品，主要包括台布、桌旗、餐垫、餐巾、杯垫以及餐椅套等。它本来的功能是保护作用，但现在餐桌织物已远远超出了实用价值的范畴，人们已经将它视为装饰餐桌、点缀环境、美化空间的艺术品。餐桌装饰织物所使用材料的首要品质是耐磨、抗皱和阻燃。材料为棉与合成纤维的混纺织物、纯麻和麻的混纺织物的桌布比较受青睐。而提花丝绸、麻和粘胶织物制成的餐桌布则能显现奢华气质。

在进行餐桌装饰织物的设计与配型时，应该考虑产品的品质与花色，做到既美观又实用。一般而言，餐桌装饰织物以素色为主，但也有设计师选择色彩斑斓的。这应该根据使用者的性格爱好以及与整体环境的协调为原则。例如对于喜欢田园风格的人，设计师可以通过餐桌织物创造出模拟自然、模拟田园悠然生活的氛围与意境；而对于有些追求高品质的人，设计师则可以使用考究、奢华的、带有少量暗花的黑色或深紫色织物。台布的选配应根据桌面造型、大小进行配置。铺设台布一定要留有悬垂部分，这样才能产生线条流畅、飘逸的美感，如图5-64所示。

五、其他织物在室内软装饰中的应用

1、靠垫、抱枕、凳饰

抱枕是沙发和床的附件，即是坐具、卧具上的附设品，可作为头部或者腰部的衬垫。抱枕的大小无固定要求，造型各异，色彩丰富，是室内设计最为活跃的因素之一，有时能够对整个室内装饰起到画龙点睛的作用。抱枕的制作非常灵活，可直接在抱枕上制作所需图样，

图 5-62

图 5-63

图 5-64

以加深环境主题。而系列抱枕的组织和安置,则能造成室内的节奏感,住宅室内,常见抱枕上书以字画,或白底黑字,简略几笔,和风盎然。如图5-65所示。

靠垫和凳饰在20世纪90年代,仅是与床单、枕套、桌饰配套使用。因为它小巧、色丽、价低,现在已成为时尚人节日的重要礼品,受到消费者普通欢迎。目前靠垫、凳饰的面料除锦缎、真丝、织锦外,经过工艺处理后的涤棉混纺、全棉色织条、格条都已流行开来。颜色有全白、奶白、浅橘色、妃白等,形状有圆形、椭圆形和滚筒形等新产品,如图5-66所示。

2、壁挂织物

壁挂织物的内容十分丰富,既包括挂毯、卷轴等平面内容,也包括立体悬绸、彩绸、编织挂件等立体内容。壁挂织物能够提高整个室内空间环境的品位和格调,使居室环境变得清新、高雅、脱俗,如图5-67所示。

壁挂织物的材料种类繁多,木板、树皮、金属、玻璃、布、绳、麻等材料都可作为原材料。制作壁挂织物时刻采用拼接、编织等多种手法,造型多变,往往对居室的装饰作用起到关键作用。

3、沙发套、沙发巾

沙发套与沙发巾也是室内装饰的组成部分,两者都有保护沙发

图 5-65

图 5-66

表面不受污染，延长沙发使用寿命的作用。

选择沙发套和沙发巾时应尽量选择与原造型一致的装饰造型，沙发套和沙发巾的质地应较为坚硬，不易磨损，这样才能起到保护作用。沙发套和沙发巾的色彩既可以选择与沙发色彩相接近，也可以选择与沙发色彩相反。沙发套和沙发巾能够增强室内的装饰效果，如图 5-68 所示。

图 5-67

图 5-68

室内软装饰设计之其他元素应用

室内设计新诉求
——软装饰设计与案例欣赏

第一节 墙饰装饰

在室内装饰中，除了家具、灯具、陈设品、花艺、画品以及织物之外，还有其他一些装饰，如墙饰、旧物改造、色彩、线形等，也能为室内装饰增光添彩，本章主要对这些装饰的设计与应用进行分析。

一、墙纸

墙纸是一种用于裱糊墙面的室内装修材料。壁纸色彩和式样丰富、施工简单方便，同时价格适中，因此很受人们欢迎，普及的程度非常高，广泛用于住宅、办公室、宾馆、酒店的室内装修等。

1、墙纸的类型

市场上各种不同类型的壁纸（图6-1），按照材质的不同可以分为以下五大类：

图 6-1

1）纸质墙纸

这类墙纸是在特殊耐热的纸上直接印花压纹而成，表面有一层天然树脂，显得自然、舒适。

2）纸底胶面墙纸

其表面为 PVC 材料，是目前使用最为广泛的产品，特点是防水、防潮、耐用、印花精致、压纹质感佳。

3）壁布

表面为纺织品材料，价格较贵，也可以印花、压纹。根据表面纺织品的不同又可以分为无纺布壁布、纱线壁布、织布类壁布、植绒壁布。特点是视觉舒适、触感柔和、吸音、透气、柔和性佳、典雅、高贵；布的坚韧性比壁纸更佳，故耐用、耐磨、耐刮，适合人流量大的公共商业空间。

4）金属类墙纸

用铝铁、铜铂金箔制成的特殊墙纸。以金色、银色为主要色系，此种墙纸施工时不能加白胶。特点是防火、防水、华丽、高贵、价值感强。

5）天然材质类壁纸

用天然材质编制而成。植物类的有亚麻、树皮、芦苇等；砂石类的有大理石、石英纤维等。其特点是亲切自然，给人舒适的感觉，而且环保健康。

另外，还有一些用特殊材质制造的壁纸，具有独特的功能。如：用玻璃纤维制作的壁纸具有防火防霉的特性；在壁纸印花的印墨中加入荧光剂，可制作荧光壁纸；经过防霉抗菌处理的壁纸适合于医院；使用吸音材质的壁纸可防止回音，适用于剧院、音乐厅、会议中心。

2、墙纸的特点

1）式样丰富

由于印刷技术和压花技术的发展，加上材料的多样化，使得壁纸的款式、色彩和图案非常丰富。既有适合办公场所稳重大方的素色纸，也有适合年轻人欢快奔放的对比强烈的几何图形；既有不出家门，即可见山水丝竹的花纸，也有迎合儿童口味，带您进入奇妙童话世界的卡通纸；既有适合田园风格的天然材质壁纸，也有适合娱乐场所的金属壁纸。可以说，任何类型的空间，都可以找到一款适合这个空间的壁纸。

2）价格适宜

由于壁纸的品种多，在价位的选择上也是非常丰富。高档豪华的装修可以选择相对昂贵的壁纸以适应空间的总体定位，有特殊需要的空间可选择价格较高的特种壁纸；与此同时，对于普通家居空间、办公空间以及小型店面等，也有大量价位不高的壁纸可以选择。如果不喜欢乳胶漆的单调，希望墙面有特别的肌理和图案，所花费的成本是普通工薪阶层均可承担的。

3）施工简单

与涂料相比，壁纸施工简单、周期短，且效果稳定。而且墙纸销售单位一般都提供施工服务，从而使原本烦琐的工作变得非常简单轻松。

墙纸与乳胶漆相比，也存在一些不足之处，如：价格比墙漆要贵；受潮容易鼓包和脱层；不耐擦洗；时间长会有褪色，尤其是受日照的地方；搭接存在接缝等。

3、墙纸的设计运用

墙纸犹如室内墙面穿的礼服，让整个室内环境都充满生动活泼的表情。尤其是个性化和高品质的装修，新型墙纸在质感、装饰效果和实用性上，都有着其他材料难以达到的效果。

1）图案条纹

墙纸的图案条纹是选择的一个重要因素，大型图案的墙纸会使墙面显小并改变空间的比例，而小型图案的墙纸则会使空间在视觉上变大。

面积小的房间宜选择纯色或图案较小而又规则的壁纸。细小规律的图案可以增添居室秩序感，为居室提供一个既不夸张又不会太平淡的背景。面积大的房间选择图案较大的壁纸，以降低墙面的约束感，增强空间的个性，当然，前提是要与室内空间的其他软装饰相搭配，如图 6-2 所示。

① 条纹。对于具有条纹形图案的墙纸，横贴和坚贴会给房间带来完全不一样的视觉感受。坚条纹会让室内空间显得狭窄而增加其视觉高度，横条纹会让室内空间显得宽敞而低矮。稍宽型的长条纹适合用在流畅的大空间中，能使原本高挑的空间产生向左右延伸的效果；而较窄的条纹用在小房间里比较妥当，它能使较矮的房间产生向上引导的效果，如图 6-3 所示。

② 大马士革墙纸。大马士革城是古代丝绸之路的中转站，当地的民众因对中国传入的格子布花纹的喜爱，在西方宗教艺术的影响下，改革并升华了这种四方连续的设计图案，将其制作得更加繁复、高贵和优雅。大马士革墙纸擅长于营造华丽的欧式气质，大气典雅，并有一种深厚的历史底蕴，如图 6-4 所示。

③ 小清新花形图案。小花图案比较适合田园、乡村、休闲的风格，如图 6-5 所示。

④ 几何图形。图案的尺寸大小要适中，图形花样过大会在视觉上造成"进逼"感，如图 6-6 所示。

⑤ 艺术墙纸。以各种个性的图案展示，给人带来全新的感觉，根据空间需要选择与之相协调的图案、色彩、风格，往往会有意想不到的效果，如图 6-7 所示。

图 6-2

图 6-3

图 6-4

图 6-5

　　　室内设计新诉求
　　　　　　　　　——软装饰设计与案例欣赏

图 6-6

图 6-7

2）墙纸的色彩应用

在同一空间内，要充分考虑墙纸色彩的整体性，应选择同色的墙纸，不宜在居住环境中应用反差大的墙纸。相容的色调，能传达整体的美感，而鲜艳对比的搭配，会让空间活泼有变化。自然和谐、浑然一体是墙纸装饰的最高境界，如图6-8所示。

在分割开了的不同室内空间里，可选择不同的色彩搭配，但每一个室内空间的色彩最好要协调而统一。

另外，墙纸色彩和色调的选择要根据房间的光线来确定。一般来说，朝南或是朝东的房间光照充足，壁纸可适当选择偏冷的色调；如果光线过强，有明晃晃的感觉，壁纸的颜色还可以适当加深一点，以减少对光线的反射。此外，不宜大面积使用带反光点或是反光花纹的壁纸，如果用得太多会产生室内光污染。如图6-9所示。

朝北或是光照不足的房间，首先应考虑明度较高的壁纸，以增加室内的漫反射光线，提高亮度。色彩可以暖色为主，如米黄、浅橙，或者选择色调比较明快的壁纸，以免过分使用深色系强调厚重，使人产生压抑的感觉。如图6-10所示。

3）墙纸的风格设计

在决定墙纸的花色图案风格时，应首先考虑到室内设计表现的整体风格，即做到墙纸的花色图案与地面材料、家具样式、植物花卉饰品和灯光的同步设计。如欧式古典风格的室内设计，以选择大

图 6-8

图 6-9

图 6-10

图 6-11

图 6-12

图 6-13

室内设计新诉求
——软装饰设计与案例欣赏

卷叶花类的图案为宜 (图 6-11)；现代风格的室内设计宜选择点线或几何形的图案 (图 6-12)。

4、墙纸的居室功能

墙纸在居室空间里面是设计应用较为普遍的，多应用在不宜被水源浸湿的墙面。不同的房间根据不同的功能,其所选择墙纸的色彩、图案纹样应符合居室功能的需求。

一般公共性的空间宜选择简洁大方的壁纸，私密性的空间宜选择色彩温馨而图案细腻的壁纸；需要安静的空间宜选择素色或色彩协调的壁纸，而娱乐性的空间可选择图案夸张、色彩鲜艳甚至带荧光、亮片的壁纸。以家居空间为例：客厅、餐厅是人们聚会、休闲娱乐、进食的地方，选择颜色明快的壁纸，可以使人心情开朗，增进家庭欢乐的气氛；书房的壁纸则应尽量选择纯度较低的素色壁纸，这样容易让人集中精神；卧室需要使人放松，给人温馨的感觉，壁纸应选择亮度略低、色彩柔和、图案温馨浪漫的类型。

1）起居室（客厅）

一般起居室是家人及客人主要活动和交流的空间，应选用色彩明快大方、材质较高档、环保透气、耐擦洗性能强的墙纸。在应用到背景墙时，可与周围墙面的色彩在深浅、冷暖和纯度上形成一定对比，以强调视觉冲击效果，构成室内的一个视觉中心。如果背景主题墙与地板的设计相似，它会创造出视觉关联，使居室高度降低，并营造一个舒适的感觉，如图 6-13 所示。

2）主卧

一般是家庭主人休息睡眠的房间，选择暖色调或带小花或带图案的墙纸，可制造出一种温馨、舒适的室内环境，如图 6-14 所示。

3）次卧

如果主要由老人居住，就应选择一些较能使人安静和沉稳的色彩的墙纸，也可根据老人的喜好选带素花的墙纸，如图 6-15 所示。

4）儿童房

一般选择色彩明快跳跃、图案个性强的墙纸，饰以卡通腰线点缀，或上下搭配，如使用上部带卡通图案，下部为素条或素色的墙纸，能营造出欢乐可爱的效果，如图 6-16 所示。

总之，墙纸在色彩、图案、质地等方面具有明显的特征，所以，在选择使用墙纸时，其整个的视觉感受不能太过突出，要与整个室内的设计统一，才能烘托室内其他的装饰物品，充分地营造出室内的设计风格和气氛。

二、墙面涂料

涂料是指涂敷于物体表面，与基体材料很好地粘结并形成完整而坚韧保护膜的物质，由于在物体表面结成干膜，故又称涂膜或涂层。

通常提到的乳胶漆是以合成树脂乳胶涂料为原料，加入颜料以

室内设计新诉求
——软装饰设计与案例欣赏

图 6-14

图 6-15

图 6-16

及各种辅助剂配制而成的一种水性涂料，是室内装饰中最常用的墙面装饰材料，如图 6-17 所示。乳胶漆和普通油漆不同，它以水为介质进行稀释和分解，无毒无害，不污染环境，施工简便，工期短，与其他饰面材料相比具有重量轻、无毒、色彩鲜明、附着力强、施工简便、干燥速度快、省工省料、维修方便、质感丰富、价廉质好以及防水、抗碳化、抗菌、耐碱性能、耐污染、耐老化等功能特点。

三、墙贴

墙贴有平面的和立体的，平面的墙贴一般是指已设计和制作好现成图案的不干胶贴纸，只需要动手贴在墙上、玻璃上或瓷砖上即可，如图 6-18 所示。立体墙贴也叫立体壁挂、浮雕墙贴，指将人们所喜爱的墙贴立体化，同时加强了与墙贴的开发与配套，如图 6-19 所示。

四、墙绘

墙绘是近年来居家装饰的潮流，是修饰新房、会所、展厅、酒吧等许多地方的理想选择。相对于墙纸来说，墙绘更加具有表现力；可以使空间更加和谐和个性，如图 6-20 所示。

图 6-17

图 6-18

图 6-19

五、其他墙饰与室内软装饰

其实，在室内装饰设计中，很多材料都能够作为软装饰元素应用到墙面的设计中，如薄木饰面板、木质装饰人造板、塑料装饰板、金属装饰板、天然大理石饰面板、天然花岗石饰面板、人造大理石饰面板、青瓦等，如图 6-21 所示。

室内设计新诉求
——软装饰设计与案例欣赏

图 6-20

图 6-21

第二节 旧物改造与室内软装饰

一、旧物改造的环保性

随着社会经济的飞跃发展，爆发在经济发展下的各种问题也日益突出和尖锐。其中，资源的过度开发和消耗，人口不断增长对环境的污染破坏，这些矛盾已发展成为世界难题。在日常生活里，会不断地产生一些废旧品，如洗浴用品包装、饮料瓶子、购物袋等，人们大多会将之丢弃，这样，不仅浪费了可再生的资源，也带来了生存环境的不断恶化。如何加大环境保护力度，使资源重复利用已成为全球努力的目标。实现对旧物的改造和利用，是达成这一目标的有效方式，如图 6-22 所示。

二、旧物改造的实用性

在进行旧物改造的过程中，需要注意的一点是，不应仅着眼于外在形式的变化，而应考虑改造之后物品是否能够为我们所用，像

图 6-22

这样实现旧物功能上的变化恰恰体现了旧物改造的实用性，例如废旧梯子改造成书架，如图 6-23 所示；浴缸制成沙发，如图 6-24 所示。

三、旧物改造的艺术性

通过对旧物的改造，产生兼具观赏性和实用性的物品，这些新物品被赋予了不同的视觉美感，能够展现出不同的艺术价值。使改造后的旧物具有艺术性，需要的是别具一格的创意和设计，来打破传统思维，带来不一样的生活艺术。而完美的创意和设计都来自于生活，通过旧物改造，会养成我们观察生活细节的习惯，培养我们体会生活、感悟生活，提升个人的创意能力和审美价值观，并从生活中去发现和创造艺术美，例如旧门设计制作的餐桌，如图 6-25 所示；旧窗户制作的穿衣镜如图 6-26 所示。

四、旧物改造的常用手法

1、改变原有的色彩和形态

在旧物改造时可以从改变旧物原有的色彩和形态这一方面考虑，因为人们在生活中潜移默化地积累了许多"习惯性的经验"认可，比如看到圆形的物品就会想到球；说到箱子都会联想到箱子是矩形；看到红颜色就会想到火等等。这是因为自然界或者人们生产加工的生活用品中许多事物都以这些常见的形式存在，因此，我们在旧物

图 6-23

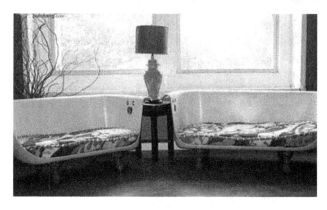

图 6-24

图 6-25

图 6-26

改造过程中可以充分利用这个原理，通过改变事物原有的色彩和常见的形态，发挥创造生活中旧物另一面的美，给人产生强烈的对比，从而产生深刻的印象，使这些旧物以另一种新的独特的形式和视觉美感而呈现出来，例如用旧抽屉改造成既有创意又有品味的组合柜和收纳柜，如图 6-27- 图 6-28 所示。例如用旧门改造成的书架，如图 6-29 所示。

2、改变原有的功能

我们在旧物改造时也可以通过改变事物原有的功能，这是我们进行旧物改造中使用最广泛的一种方法。生活中的许多物品的功能都是比较单一的，而且是保持不变的，许多物品自始至终都只发挥一种功能，如电视只是用来观看节目，箱子用来存储物品等等，然而物品间是不需要明确的功能界线的，只要我们一旦跨出这一步，我们的旧物改造将有新的突破，形式都是追随功能的，而我们通过旧物先有的形式改变其原有的功能，往往会得到意想不到的效果。因此旧物改造时可以考虑改变物品的功能的形式来进行改造，是旧物具有另种或多种功能性。例如，用红酒木塞种植植物、罐头桶种植植物，如图 6-30 所示。

图 6-27

图 6-28

图 6-29

3、重组改造

旧物改造就是要突破传统的思维模式，敢于创新，其中旧的物品重新组合改造方法在室内软装饰设计中也是常常可见，有效的利用几种旧物品或多个同种旧物品进行组合可以提高旧物改造的利用率，使原来的旧物功能发生改变或有更多的利用，就像1+1在一定情况下是会大于2的。我们的旧物改造也应如此，使它们的功能发挥到极致。例如用色彩不同的酒瓶重新组合成一组灯具，如图6-31所示。例如用水管重组的台灯，如图6-32所示。

4、旧物陈设设计

在人们的实际生活中，有许多陈旧物品，虽然算不上是文物，但它们都代表了一个时期的社会时代背景，或者是过去生活中一些片断的缩影，或者是一种物品承载的文化外显，就像老式的留声机、旧自行车、旧收音机、旧家具等等，这些旧物总是让人产生许多联想。它们随着岁月的痕迹，已在人们的情感上升华为一种艺术品了，因此，对这些旧物的进行陈设设计，往往能勾起人们的情感和思想共鸣。

5、为旧物改造赋予艺术语言

我们在注重旧物改造的功能性同时，我们还要有一些艺术设计性。一件旧物改造后仅仅有使用价值是远远不够的。它还需要体现

图 6-30

图 6-31　　　　　图 6-32

室内设计新诉求
——软装饰设计与案例欣赏

出一些独特的地方，这就是艺术设计语言。旧物改造也要善于观察生活，如此才能融入自己独特的创意，才能改造出即有价值又有艺术品位的作品。而这些作品最好还能深延和赋予一些背后的故事。一件能感人的作品，可能并不是因为其本身，而是因为它后面的故事。例如用老旧电视机改造的水族箱，用圆珠笔管改造的吊灯，用自行车链条改造的灯饰。如图 6-33~ 图 6-35 所示。

图 6-33

图 6-34

图 6-35

室内设计新诉求
——软装饰设计与案例欣赏

第三节 色彩和线形装饰

一、色彩装饰

室内设计各造型要素中，色彩具有强烈的视觉冲击力，而效果良好的室内软装饰色彩应用，不仅能突出形态、材质、空间的形式美，而且能强化空间气氛。遵循一些规律和基本的色彩搭配原则，提倡色彩的"情感设计"，才能使室内软装饰设计更富有意境与氛围。

1、色彩基础

1）三原色

所谓三原色，就是指这三种色中的任意一色都不能由另外两种原色混合产生，而其他色则可由这三种色按照一定的比例混合出来。三原色又分为色光三原色和色彩三原色。色光三原色为红、绿、蓝三原色光。这三种光以相同的比例混合，且达到一定的强度时，就呈现白色；若三种光的强度均为零，就是黑色。通常我们讲的色彩三原色为红、黄、蓝。两原色相加为间色，红色加蓝色为紫色，红色加黄色为橙色，黄色加蓝色为绿色。因此，紫色、绿色和橙色称为三间色。

2）色彩属性

① 色彩三属性：色相、明度、纯度。

② 色相：色相是指色彩的相貌，是颜色的种类名称。色相被用来区分颜色，根据光的不同波长，色彩具有红色、黄色或绿色等性质，这被称之为色相。

③ 明度：明度是色彩的明亮程度，表达在室内空间陈设上即为物体的亮度和深浅程度。白色物体反射率最高，所以明度就最高，黑色物体则反之。室内的色彩明度要有变化，才能产生丰富的视觉效果。

④ 纯度：纯度是指色彩的纯净度，也称"饱和度"。在实际的配色过程中，色彩中不断混入白色，该色相的明度就会越来越高，而纯度越来越低；而如果色彩中不断混入黑色，它的纯度和明度就会同时下降。

3）色彩对比

在色盘中，最冷的颜色是蓝色，最暖的颜色是橙色，也就是说这两个互补色是冷暖色的两极。

2、室内软装饰的色彩搭配原则

1）满足功能需求

不同室内空间有不同的功能，室内软装饰的色彩搭配首先应满足功能性的要求。如在居住空间中，客厅、起居室一般面积较大，也是日常活动利用最多的场所，色彩运用应该最丰富，如图 6-36 所示。餐厅是进餐和全家人汇聚的地方，色彩应选择增进食欲，增加温馨、祥和气氛的色彩，如图 6-37 所示。而卧室是相对私密的空间，一般适合温馨而舒适的色彩，以促进睡眠，如图 6-38 所示。

2）考虑心理效应

色彩依靠自身的色相、明度、纯度不仅具有本身的视觉规律，而且具有生理平衡规律，还能影响人的感情，给人带来无限联想，激发美感与艺术感。中国新婚夫妇的卧室色彩常以中国传统的红色为主，不仅带来了热烈欢乐的气氛，而且具有了吉祥幸福的寓意，如图 6-39 所示。恰当地将这些色彩原理运用到软装饰的设计中去，可以满足不同人的心理及精神需求。

3）营造整体氛围

室内软装饰的一个重要功能是营造室内的意境与氛围，创设出一个整体的情境来感染空间中的人。色彩在营造整体氛围中，扮演着重要的角色。如布置圣诞节的现场，红色和绿色在白色环境中的出现，能带给人节日的欢乐，如图 6-40 所示。当然，大多数情况下

图 6-36

图 6-37

图 6-38

室内设计新诉求
——软装饰设计与案例欣赏

图 6-39

图 6-40

色彩设计需要综合运用色彩的色相、明度与纯度的变化，丰富空间的视觉效果与感觉效果，营造出或明亮或沉静或热烈或严肃的不同空间氛围。

4）色彩支配统一性

进行室内软装饰设计时，应该注意空间内色彩的统一，一般情况下，会选定较为突出的色彩为依据，来安排其他软装饰的色调，这样才能够将空间中的色彩融为一体，如图6-41-6-42所示。

5）三色搭配最稳固

通常情况下，整个空间的配色最好控制在三种以内，软装饰的设计应尽可能地应用统一配色方法，使整个空间的配色更加和谐。如图6-43所示，白色作为空间主色调，而黄色、原木色作为点缀色。

6）善用中性色

黑、白、灰、金、银这五种颜色为中性色，常用于调和色彩搭配，凸显空间中的其他颜色。它们会缓解人们的疲劳，营造出轻松的氛围，金、银两种颜色搭配所有颜色，这里的金色不包括黄色，银色不包括灰白色，如图6-44所示。

3、室内软装饰色彩的具体应用

一般室内色彩设计遵循的原则是"大调和、小对比、再有强调色"。大调和是指室内整体色彩基调，是由室内的背景色所决定的；

图 6-41

图 6-42

图 6-43

图 6-44

小对比主要是指室内主体与背景，或主体与主体之间的色彩对比；而强调色一般由室内体积较小的陈设品担任，起到"画龙点睛"的强调色彩作用，使室内整体色彩的组合搭配既统一协调，又有变化对比。由于室内物件的品种、材质、质地、形式和其表面的色彩，彼此在室内空间形成了多样性和复杂性，因此，只有背景色、主体色、强调色统一地协调起来，才能够营造出室内总体的色彩效果，使软装的色彩作用发挥到极致。

1）背景色

墙面、地面、天棚、门、窗及橱柜等在室内空间中所占据的面积大，可作为室内的背景。背景中常出现的软装饰有窗帘、帷幔、地毯等蒙面织物。这些织物的色彩是室内色彩的基调，对室内的一切物件起着衬托的作用，一般采用纯度较低、对比较弱而明度相对较高的颜色，如白色、米色、浅咖啡色、灰色等，如图6-45-6-46所示。

2）主体色

各类不同品种、规格、形式、材料的家具，如橱柜、梳妆台、床、桌、椅、沙发等，它们是室内陈设的主体，它们的色彩是室内的主体色，是表现室内风格、个性的重要因素。室内空间色彩倾向的体现，一般主要取决于主体色以及主体色与背景色的关系。如果室内风格偏向于沉稳，则主体色可选择木本色或咖啡色系，且与背景色属于相近色系（图6-47）；如室内风格活泼，则主体色可选择纯度较高

图 6-45

图 6-46

第六章
室内软装饰设计之其他元素应用

的色彩，并且与背景色形成鲜明的对比（图 6-48）。

3）强调色

绿化、灯具、日用器皿、工艺品、绘画雕塑，它们体积虽小，常可起到画龙点睛、锦上添花的作用，不可忽视。在室内色彩中，常作为重点色彩或强调色彩。强调色一般与空间的整体色调形成鲜明的对比，但不可过多。如果是单一的强调色，可以由多个点形成序列分布在空间中；如果强调色是不同的色彩，那么一个空间有两三处即可，如图 6-49 所示。

4、色彩搭配禁忌

1）红色不宜长时间作为空间的主色调

居室内红色过多，会让眼睛的负担过重。要想达到喜庆的目的，只要用窗帘、床品、靠垫等小物件做点缀即可。

2）橙色不宜用来装饰卧室

生机勃勃、充满活力的橙色会影响睡眠质量；将橙色用在客厅会营造欢快的气氛，用在餐厅能诱发食欲。

3）黄色不宜在书房中使用

长时间接触高纯度的黄色，会让人有一种慵懒的感觉；在客厅与餐厅中适量点缀一些就好。

图 6–47

图 6–48

图 6–49

4）蓝色不宜大面积使用在餐厅、厨房和卧室

蓝色会让人没有食欲、感觉寒冷并不易入眠；蓝色作为点缀色起到调节作用即可。

5）粉红色不宜大面积使用在卧室

粉色容易给人带来烦躁的情绪，如果将粉红色作为点缀，或将颜色的浓度稀释，淡淡的粉红色能让房间转为温馨。

6）金色不宜用来做装饰房间的唯一用色

大面积的金光对人的视线伤害最大，并使人的神经高度紧张，还容易给人浮夸的印象；金色作为线、点的勾勒能够创造富丽的效果。

7）黑色忌大面积运用在居室内

黑色是最沉寂的色彩，容易使人产生消极的心理；它与大面积的白色搭配才是永恒的经典，在饰品上使用纯度较高的红色点缀，会显得神秘而高贵。

8）黑白等比配色不宜使用在室内

长时间在这种环境里会使人眼花缭乱，紧张、烦躁，无所适从；以白色作为大面积主色有利于产生好的视觉感受。

二、线形装饰

进行室内软装饰采用的装饰性物体和图案均是由线条构成的，由此可见，线形装饰在室内软装饰设计中的重要地位。设计师能够

将线形设计成各种不同的装饰性物体，从而传达出不一样的装饰理念。

1、线形装饰的种类

在室内软装饰中，经常用到的线形装饰主要有两类，即直线和曲线。其中，直线又包括水平线、垂直线、斜线和折线四种。而曲线包括抛物线、双曲线和弧线三种。

2、不同线形的特点和装饰效果

进行室内软装饰设计时，不同的线形具有不同的特点，能够营造出不同的装饰氛围，如图6-50所示。

1）水平线的特点及其装饰效果

水平线在室内软装饰中出现的频率较高，这是水平线本身的特点造成的，一方面，水平线可以舒缓人的心情，另一方面，还能够从视觉上扩大房间的宽度，营造出宁静、舒缓、开阔的室内环境。

水平线应用于室内装饰中常是通过室内的桌椅、沙发和床，或者某些陈设处于同一水平高度的器物来完成的。若水平线应用得较多，则可以适当加入一些垂直线来增强室内的生气。

2）垂直线的特点及其装饰效果

垂直线能够给人以刚强有力、正直、权威的感觉，将其应用在室内较低的位置，可以从视觉上增加层高。

按照线条的粗细，垂直线可以分为粗垂直线和细垂直线两种，

图 6-50

室内设计新诉求
——软装饰设计与案例欣赏

粗垂直线能够给人坚强、有力、厚实、粗壮的感觉；细垂直线能够给人轻松、秀气、锐利的感觉。在实际应用时，设计师应根据具体情况加以运用。

3）斜线的特点及其装饰效果

斜线给人以运动、发射、不稳定的感觉，在室内软装饰中应用，容易使人的视线随之移动，因此在装饰中不能多用。

4）折线的特点及其装饰效果

折线给人以律动、活泼的感觉，能够增加空间的生气，但是若过多地应用于室内软装饰中，容易使人变得焦虑、不安。

5）自由曲线的特点及其装饰效果

自由曲线因不受限制地自由伸展，而带有很强的弹性和韵律感，因而常被设计师用来表现韵律感和人情味。

第七章

室内软装饰设计案例欣赏

室内设计新诉求
——软装饰设计与案例欣赏

第一节 主题咖啡厅软装饰设计

主题咖啡厅在软装饰设计之前，应先确定一个主题，作为吸引顾客的标志。顾客能够通过观察店内装饰，产生联想，进入所期望的主题情境中。因此，需要采取各种措施来突显主题，软装饰设计是重要的一方面。挖掘主题文化的含义，做好软装饰设计能够达到事半功倍的效果。

一、文化背景

当前社会发展迅速，人们开始追求高品质、高品位的生活。人们开始更多地关注时尚潮流的生活方式，开始催生了新的生活方式与文化。其中，"咖啡文化"就是新生的时尚潮流，主题咖啡厅成为一种流行，这是一种满足消费者享受就餐为主、吃饭为辅的咖啡厅，满足了广大消费者精神上的需求与享受。

空间整体色彩以暖色调为主，表现出亲近祥和的意境，咖色与暖灰色主调高雅宁静，古旧的外观，让空间多了一份别致的神韵，如图 7-1、图 7-2 所示。

二、色彩运用

咖啡馆的色彩运用，应该考虑到顾客阶层、年龄、爱好倾向、咖啡特性、瞩目率等问题，但冷冷的气氛，总不如温暖、温馨的氛围更加耐人寻味。温馨、柔和的颜色，总会让顾客产生舒适，并对咖啡馆流连忘返。色彩使用得当，可以突出气氛。咖啡厅的色调可以根据其特色、文化、风格等进行选择，或冷凉、或炙热，都能给人带来不一样的感觉。但是必须避免杂乱，如背景颜色很抢眼时，选择的陈设饰品就不能太花，否则会让人觉得眼花缭乱，产生视觉疲劳，使顾客难以驻足太久。如图 7-3 所示。

图 7-1

图 7-2

图 7-3

案例

Kopimellow COFFEE&MORE（图7-4-图7-7）

图7-4

室内设计新诉求
——软装饰设计与案例欣赏

图 7-5

图 7-6

图 7-7

第二节 酒店软装饰设计

在现实生活当中，软装饰一直存在我们的生活当中，它是生活艺术的集中体现。软装饰是人们对生活艺术内涵的进一步追求与延伸，由于每一个地区的地域特点与人文环境都是不同的，导致我们在设计时要根据当地特点进行设计，对室外的环境与室内本身的特点进行完美的结合。

软装饰在酒店设计中有以下几点作用：

1、装饰性软装饰能起到烘托酒店主题的作用

软装饰艺术都有独特的艺术触觉，丰富的色彩变化，多样的视觉形态，在酒店空间的构成中形成感官上的链接效果，从而获得相辅相成、相得益彰的空间表现力。如图7-8所示。

2、强化酒店空间的环境风格

根据酒店的定位，选择合适的软装饰品是设计的关键，软装饰是在硬装饰的基础上深化和升华，以多变的色彩和造型对比，来创造动态的酒店空间。如图 7-9 所示。

3、调节酒店空间的色彩

色彩是空间环境设计的灵魂，色彩对酒店的空间感、舒适度、环境气氛、使用效率，对人的心理和生理均有很大的影响。所以，软装饰品在色彩选择和搭配上一定要是最具感染力的。如图 7-10 所示。

4、提升酒店品位、陶冶顾客情操

酒店空间中的软装饰已不在是单纯的装饰画、艺术品，家具也不再仅仅承担着原始储物的实用性，而是通过彼此的相互结合，成为现代精品酒店空间演绎的主角。总之，软装饰设计和酒店空间设计的完美结合，不但能够体现一个空间的审美气氛，也增加了人与空间之间的沟通与亲近。如图 7-11 所示。

图 7-8

图 7-9

图 7-10

图 7-11

　　　　室内设计新诉求
　　　　　　　　——软装饰设计与案例欣赏

案例 1

北京瑰丽酒店（图 7-12-图 7-22）

图 7-12　酒店大堂

第七章
室内软装饰设计案例欣赏

319

图 7-13　酒店餐厅

　　　　室内设计新诉求
　　　　　　　　——软装饰设计与案例欣赏

图 7-14　酒店餐厅

图 7-15　酒店酒吧

室内设计新诉求
———软装饰设计与案例欣赏

图 7-16　酒店客房

图 7-17 酒店客房

室内设计新诉求
——软装饰设计与案例欣赏

图 7-18　酒店水疗

图 7-19　酒店水疗

室内设计新诉求
——软装饰设计与案例欣赏

图 7-20 酒店宴会厅

图 7-21 酒店宴会厅

室内设计新诉求
——软装饰设计与案例欣赏

图 7-22　酒店宴会厅

案例 2

北京三里屯通盈中心洲际酒店（图 7-23- 图 7-28）

图 7-23　酒店大堂

　室内设计新诉求
　　　　　——软装饰设计与案例欣赏

图 7-24　酒店餐厅

图 7-25　酒店餐厅

　室内设计新诉求
　　　　　　　——软装饰设计与案例欣赏

图 7-26　酒店餐厅

图 7-27 酒店客房

室内设计新诉求
——软装饰设计与案例欣赏

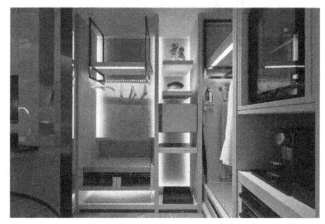

图 7-28　酒店客房

第三节 主题餐厅软装饰设计

　　主题餐厅以个性鲜明的主题抓人眼球，要的就是与众不同，拥有鲜明的主题特色的餐厅才能触动大众的心灵，并引起大家的共鸣，所以在做软装设计的时候需要强调差异性。每家主题餐厅都有属于自己的独特主题，软装设计是建立在这个基础上的独特的空间造型，恰到好处的色彩调配，个性化的材料肌理以及完善的细部软装配饰都能为餐厅加分，更是能让来此就餐消费的顾客留下深刻的印象。

　　主题餐厅的软装设计与其说是设计，不如说是整体空间的艺术来的更贴切，它是对于空间、形体、色彩、虚实关系、功能组合关系的整体把握，往大了说就是对意境创造的整体把握以及对周围环境协调关系的整体把握。软装设计对于全局性和系统性的要求非常高，需要站在全局的高度去体现粗话整体的软装风格，真正能被人们认知并接受的创意设计往往具有很高的整体感觉。在众多已经成功的主题餐厅的身上我们不难发现，优秀的创意软装设计向人们展示出的是高度的、协调的美感，无论从艺术方面还是设计观念上都

室内设计新诉求
　　——软装饰设计与案例欣赏

在强调整体的高度统一。

餐厅作为一个公共场合，从本质上来说是一个可供人们交流互动的场所，和人们的生活有着密切的联系，它不仅仅只是作为一个实体空间，同时也是凝聚公众精神的"容器"。作为主题餐厅更是如此，我们不能把它简单地看作是一家简简单单供人们用餐饱食的场所，而应该作为人们与城市环境文化交流的一座沟通桥梁而存在，和人们从情感方面产生互动，从被动的接受到主动的参与，让人们产生强烈的认同感和归属感才是软装设计的终极目标，通过软装设计让人们与整体环境产生互动交流，可以使得店内充满活力，这才是主题餐厅存在的目标和意义。

餐饮软装设计是兼具了功能性和思想性的有机统一组合，不仅包含了基本的功能性，更是从包含了更深层次的，精神层面，不但是精神生活的焦点，更是城市时代精神特征的物化和文化的体现。现如今餐厅饭店的功能仅仅只是为了满足果腹的需求，好一点的也仅仅是为了享用美味，其包含的意义已经逐渐退化消逝。而餐饮软装设计却能很好的将某些特定的含义赋予其中，在功能的外表下隐藏着意义。好的软装设计是具有生命的，有文化传播的功能，这样软装设计才不会显得苍白无力、乏善可陈，真正将功能与意义融合，才能使得主题餐厅软装设计成为传情达意的最佳传声筒。

主题餐厅软装设计的时要注意其所特有的五大特性：鲜明性、整体性、互动性、表意性和丰富性，这五个特性独立存在，同时也相辅相成。

室内设计新诉求
——软装饰设计与案例欣赏

案例 1

赤火锅店（图 7-29- 图 7-30）

图 7-29

图 7-30

室内设计新诉求
——软装饰设计与案例欣赏

案例2

CAMPO 烧烤店（图7-31-图7-33）

图 7-31

图 7-32

图 7-33

案例 3

Dog Ate Dove 餐厅图（图 7-34、图 7-35）

图 7-34

图 7–35

案例 4

贤和庄火锅图（图 7-36、图 7-37）

图 7-36

　室内设计新诉求
　　　　　　　——软装饰设计与案例欣赏

图 7-37

第四节 住宅软装饰设计

住宅室内的软装饰是指与硬装修配套的家具、陈设品、布艺、挂画、植物、灯具等物品，对室内空间进行二度陈设与布置，以进一步体现个性特征与价值取向。这些物品一般是可更换、可移动和可调节的，利用软装饰的这一属性，可以创造出具有不同个性、不同意境、不同风格的生活空间。住宅中的软装饰用品，作为可移动的装饰，能够体现主人的品味与修养，也更好地烘托出室内的气氛。

软装饰设计对于整个室内空间设计有着举足轻重的作用，首先可以强化设计风格。软装饰有些不是一种必需品，但它能营造出不同的空间氛围，使人们的精神文化得以补充和体现，使室内风格得以延伸。软装设计不是天马行空的，它的设计风格必须与建筑和家具风格紧密联系在一起。每一个时期的装饰风格都会在不断变化。这种变化必须符合市场需求以及审美需求，在不断的发展过程中人文精神也随着不断的发展。

案例 1

别墅（图 7-38、图 7-39）

图 7-38

图 7-39

室内设计新诉求
——软装饰设计与案例欣赏

案例 2

公寓（图 7-40、图 7-41）

图 7-40

图 7-41

室内设计新诉求
——软装饰设计与案例欣赏

案例 3

住宅（图 7-42、图 7-43）

图 7-42

图 7-43

第五节 办公室软装饰设计

对于办公室内装修的设计必须要满足各方面使用功能的需求，但是要想创造一个良好的办公环境，就必须要以室内设计为宗旨，并且还要把满足于人们在办公室内进行的生产、生活和工作以及休息的要求放在最重要的位置。所以，在对办公室内进行设计的时候，必须要允分的考虑各方面功能的使用要求，从而促进办公室内的环境能够更加的合理化和科学化以及舒适化。

在室内软装设计中，不仅是为了强调空间的效果，更要将空间的主题表现出来，并且起到一个渲染的作用。通过比较特殊的设计风格，促进室内的环境能够更加人性化，令人和建筑物可以感受到情感之间的协调，最终促进在其办公的人们可以感受到艺术和人类之间产生的情感。

案例

办公室一（图7-44、图7-45）

图 7-44

室内设计新诉求
　　　　——软装饰设计与案例欣赏

图 7-45

办公室二（图7-46、图7-47）

图 7-46

图 7-47

第六节 其他空间软装饰设计

　　软装饰设计对于整个室内空间设计有着举足轻重的作用，首先可以强化设计风格。软装饰有些不是一种必需品，但它能够营造出不同的空间氛围，使人们的精神文化得以补充和体现，使室内风格得以延伸。软装设计不是天马行空的，它的设计风格必须与建筑和家具风格紧密联系在一起，每一个时期的装饰风格都会不断变化，这种变化必须符合市场需求以及审美需求，在不断的发展过程中人文精神也跟着不断的发展。

　　在当下功能性空间已经不能满足人们的追求，个性化与人性化成为今天设计的主题。装饰设计意在柔化钢筋混泥土等建筑带给人们的疏离感和冷硬感，通过艺术的手法，使人们关注身边环境，放松心情，享受生活，积极创造美好的未来。

KRONVERK 发廊（图 7-48、图 7-49）

图 7-48

图 7-49

福克斯曼音乐大楼（图7-50）

图 7-50

幼儿园（图 7-51、图 7-52）

图 7-51

图 7-52

参考文献

[1] 杨一宁 . 软装饰设计 [M]. 合肥：合肥工业大学出版社，2017.

[2] 薛野 . 室内软装饰设计 [M].2 版 . 北京：机械工业出版社，2016.

[3] 曹巍 . 家居空间与软装布置搭配全书 [M]. 福州：福建科技出版社，2016.

[4] 唐秋子，薛立新，孙炜 . 软装饰花艺 [M]. 南京：江苏凤凰科学技术出版社，2016.

[5] 王芝湘，之凡设计工作室 . 软装设计 [M]. 北京：人民邮电出版社，2016.

[6] 温迪·贝克 . 窗帘设计百科 [M]. 南京：江苏凤凰科学技术出版社，2016.

[7] 孔文玉，李岩 . 中式家具与软装配饰 [M]. 北京：中国林业出版社，2015.

[8] 王菲 . 新装饰主义：现代室内软装饰设计 [M]. 北京：中国水利水电出版社，2015.

[9] 陈静 . 室内软装设计 [M]. 重庆：重庆大学出版社，2015.

[10] 刘怀敏 . 室内软装饰设计 [M]. 北京：化学工业出版社，2015.

[11] 张海东，文红 . 软装饰艺术设计与制作 [M]. 重庆：西南师范大学出版社，2015.

[12] 宋来福 . 室内软装饰设计原理及应用实践 [M]. 北京：中国水利水电出版社，2015.

[13] 黄滢 . 国际软装设计流行趋势 [M]. 武汉：华中科技大学出版社，2015.

[14] 孙嘉伟，傅瑜芳 . 室内软装设计 [M]. 北京：中国水利水电出版社，2014.

[15] 刘惠民 . 室内软装配饰设计 [M]. 北京：清华大学出版社，2014.

[16] 伊拉莎白·伯考 . 软装布艺搭配手册 [M]. 南京：江苏凤凰科学技术出版社，2014.

[17] 丁方 . 新古典主义软装设计 [M]. 桂林：广西师范大学出版社，2014 .

[18] 薛野，张晓梅 . 室内软装饰设计 [M]. 上海：上海交通大学出版社，2013.

[19] 唐建 . 居室软装饰指南 [M]. 重庆：重庆大学出版社，2013.

[20] 夏琳璐 . 室内软装饰设计与应用 [M]. 北京：经济科学出版社，2012.

[21] 杜丙旭 . 宅妆——家居软装饰 [M]. 沈阳：辽宁科学技术出版社，2012.

[22] 范业闻 . 现代室内软装饰设计 [M]. 上海：同济大学出版社，2011.

[23] 简明敏 . 软装设计师手册 [M]. 南京：江苏人民出版社，2011.